- 广西高校人文社会科学重点研究基地基金资助
- 钦州学院"北部湾海洋文化研究中心"成果
- 广西人文社会科学发展研究中心特色科研团队"北部湾海疆与海洋文化研究团队"研究成果

广西海洋文化

GUANGXI HAIYANG WENHUA QIGUAN QUWEN

奇观趣闻

黄家庆　吴小玲　任才茂 ● 编著

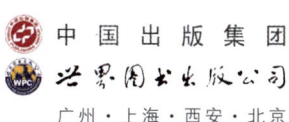

中国出版集团

世界图书出版公司

广州·上海·西安·北京

图书在版编目（CIP）数据

广西海洋文化奇观趣闻 / 黄家庆，吴小玲，任才茂
编著.— 广州：世界图书出版广东有限公司，2015.11
　ISBN 978-7-5192-0454-9

　Ⅰ. ①广… Ⅱ. ①黄… ②吴… ③任… Ⅲ. ①海洋—
文化—广西 Ⅳ. ①P722.7

中国版本图书馆 CIP 数据核字（2015）第 277593 号

广 西 海 洋 文 化 奇 观 趣 闻

责任编辑：程　静　李嘉荟
出版发行：世界图书出版广东有限公司
　　　　　　（地址：广州市新港西路大江冲 25 号　邮编：510300
　　　　　　网址：http://www.gdst.com.cn）
联系方式：020-84451969　84459539　　E-mail：pub@gdst.com.cn
经　　销：各地新华书店
印　　刷：广州市佳盛印刷有限公司
版　　次：2015 年 11 月第 1 版　2015 年 11 月第 1 次印刷
开　　本：787 mm × 1092 mm　1/16
字　　数：150 千
图　　片：215 幅
印　　张：15
ISBN　978-7-5192-0454-9 /P·0062
定　　价：56.00 元

咨询、投稿：020-84453622　gdstchj@126.com

序 言

　　21世纪是海洋的世纪。当今社会正在走向"海洋社会"，人们在构建生态文明的人海和谐共处、共同发展的人海关系。随着"海洋社会"的发展，人海关系成为了海洋文化研究和展现的主要内容，各地纷纷把反映人海关系的海洋文化作为品牌来打造。广西在《海洋经济发展"十二五"规划》提出，"弘扬海洋文化，充分挖掘海上丝绸之路、伏波文化、南珠文化、妈祖文化、疍家文化、京族文化、湿地生态文化等海洋文化内涵，打造一批海洋文化品牌。"广西在加快向海洋进军的步伐，建设"海洋强区"的进程中，迫切需要海洋文化的支持，为其提供精神文化基础。《广西海洋文化奇观趣闻》应运而出，可谓是作者作为学者的社会当担。

　　《广西海洋文化奇观趣闻》是钦州学院黄家庆等学者对广西海洋历史人文资源进行挖掘性的收集研究和再创作的成果。它以一个个与海洋有关的景观、趣闻、传说为主，从侧面去反映广西海洋文化的发展历史、发展成果及其规律，传承和弘扬海洋文化。从书中，我们可以看到广西沿海人民创造的海洋文化是多么的丰富，了解到广西沿海民众的生产、生活与海洋的密切关系。不仅可以欣赏到广西奇异的海洋自然景象，还可以品味到那些令人津津乐道的海洋人文趣事，多棱角地了解广西海洋文化发展历史。

  多少年来，浩瀚的大海以它丰富的资源，美丽的景色，吸引着人类世世代代、前赴后继地去探究、去开发和保护它；这些探究与开发、保护的实践，历经沧桑变化，形成了具有鲜明区域特征的灿烂的海洋文化。虽只是灿烂海洋文化中的沧桑一粟。作者基于时代的呼唤，开展具有开拓性的海洋文化研究，乃是当今广西沿海高校学者的责任与义务。目前广西海洋文化的研究还很薄弱，我想该书的出版，定会"一花引来万花开"。

  《广西海洋文化奇观趣闻》突出海洋生态理念，图文并茂，以简明生动的语言、形象的描写、通俗易懂的文字、吸人眼球的图片，深入浅出地介绍广西海洋文化中的奇观和趣闻，展示广西海洋事业发展和海洋物质文化成果，宣传推介广西海洋文化，为广西海洋文化产业发展鸣锣开道；为增强人们的海洋意识，为广西实施"海洋强区"的发展战略，促进广西海洋旅游产业发展提供文化支持。

  该书让读者在领略海洋生态景观、海洋城市景观的同时，得到海洋生态知识与海洋意识的教育；在回味美丽动人的民间传说与名人逸事中，使人感悟到人与海洋和谐共处的哲理。我以为，它既是一本很好的科普读物，又是旅游专业学生的辅导读本；它在帮助人们提高海洋意识，丰富广西海洋文化，促进海洋文化的发展，具有重要的意义和积极的影响。

  是为序。

徐书业
2015.10.18

Contents 目录

城市
海洋景观篇

海洋 人文趣闻篇

海洋
自然景观篇

⊙ 钦州三墩岛风光

东方夏威夷：
北海银滩

　　北海银滩因沙滩由高品位的石英砂堆积而成，沙质细柔洁白，在阳光的照射下，泛出银光而得名。与沙滩相得益彰的是，海水清澈明亮，洁白的沙滩连接碧蓝的海水与蔚蓝的天空相连，海天一色，美不胜收。

　　北海银滩有许多美誉：

　　因为北海银滩"滩长平、沙细白、水温净、浪柔软、无鲨鱼"的特点，被专家称为"世界上难得的优良沙滩"，誉为"中国第一滩"。

⊙ 北海银滩

　　因为北海银滩滩平潮平浪平，海水退潮快，涨潮慢，海水得到天然的循环，沙滩自净能力强，使得海水清碧无比；还在于浴场宽阔，滩面宽逾100米，连绵20多千米，每天可接纳游客10万至15万人次入浴；且游泳安全系数高，年入水游泳时间长，被视为中国最理想的海滨浴场。

因为北海银滩可容纳大规模的海水游泳、海上摩托艇、沙滩高尔夫、沙滩排球、沙滩足球等海上运动娱乐项目和沙滩运动，而成为我国南方最理想的海上运动场所。

因为北海银滩陆岸植被丰富，环境优雅宁静，林木茂盛，葱茏苍翠，像一条青龙横卧海边，林荫小道曲折宛延；椰树林独具风情，空气特别清新，负离子含量高，实为度假疗养胜地，而有"南方北戴河"之誉。

⊙ 北海银滩上留连忘返的人们

因为北海银滩有风格各异的楼台阁宇，曲折宛延的林荫小道，独具南国风情的椰树林，让你信步海堤林间，如入仙境，留连忘返；还有供游客观赏娱乐的设施场景、珍奇鸟类表演、异国他乡民族风情表演等游乐项目，而成为旅游娱乐胜地、国家级旅游度假区。

北海银滩因其美丽和特别，深深地吸引海内外游客。广西人为"北有桂林山水，南有北海银滩"而自豪；中外游客甚至美誉其为"东方夏威夷"。

风景秀丽的海防古要塞
——北海冠头岭

北海冠头岭西、南、北三面临海，由长3千米的风门岭、丫髻岭、天马岭等山峦群体组成，像一条青龙横卧在市区西南端，整个山岭以形状"穹窿如冠"而得名。

冠头岭，历史上为海防要塞，曾是北部湾人民抵抗帝国主义侵略的天然屏障。据文献记载，明朝初年，"天下初定，海内乂安，倭夷窃发，滨海一带皆被骚扰。"随着倭患的加剧，明太祖在沿海普遍设置卫所，将卫所制度应用于海防。明洪武八年，为防海寇袭扰，冠头岭创设炮台，成为廉防要塞。到清光绪年间，广东海防分"东、中、西上、西下"四路。"西路曰廉防，其海岸为北海市，又西钦州口曰龙门，又西抵越南界，极边之岛曰白龙尾，……此西路之要口也。"北海冠头岭乃

⊙ 冠头岭远眺

当时的重要海防"要口"，至今遗迹尚存。

今日冠头岭已是不可多得的滨海国家级森林公园，集峰、石、鸟、林、海为一体，具奇、险、秀、幽特色的风光迷人的旅游风景区。景区中有北海八景中的三景——"冠峰览胜"、"海涯观涛"和"龙岩潮音"，还有龙王岩洞、三婆庙、观海楼、古炮台、普渡寺、珍珠养殖场等景观。整个景区密林覆盖，绿荫苍郁，四季长青，气候温暖；海与山之间造就一处处幽静的小港湾，沙白、水清，舒适幽静。栖息在森林中的画眉、喜鹊、八哥、大山雀、夜鹰、猴面鹰、白鹭、斑鸠、百灵等小动物，为景区增添了别致。登上高120米的主峰，可朝观日出，夕赏日落；听潮声如雷的万顷海涛拍岸；看美不胜收的千堆浪花雪卷起；俯瞰麓下海天一色，碧波帆影，令人心旷神怡，浮想联翩。

今日冠头岭，真可谓是科考、野营、教学的好场所，旅游观光、避暑度假的好去处。

⊙ 冠头岭风光

涠洲岛：
水火雕出的奇异风光

在广西北部湾海面上，距北海市21海里处，有一座由火山喷发堆凝而成的中国最大最年轻的火山岛——涠洲岛。这里地质、地貌景观独特，珊瑚等海洋生物资源丰富，人文景观也颇具特色，有"中国最美十大海岛"的美誉和"大蓬莱"仙岛之称。这里有原始的海岸风光；有因火山爆发而烧灼、挤压留下的怪诞线条，色彩绚丽的岩纹、怪异的岩层和多姿多彩的海蚀、海积地貌，它们像水火雕出的作品。在波浪、海流、潮汐的海水旋流冲刷侵蚀下，涠洲岛海岸基岩到处是奇妙地貌，有头大腰细，高3米、宽6米的巨型海蚀蘑菇，有凹进陆地的槽形穴海蚀龛，有形似鳌鱼、海豹、海牛、大鲸、海豚等海洋动物的海蚀石，有状似卧龟的石穴"海龟窟"；还有海蚀拱桥、海蚀平台、海蚀柱、海蚀墩等海蚀景观，更有那绚丽多姿的活珊瑚。

涠洲岛四周烟波浩淼，全岛绿树茂密，四季如春，气候宜人，风光旖旎；在那悬崖峭壁，崖顶青松挺拔，巨型仙人掌攀壁垂下，气象恢弘。岛上既有法国传教士传教于1870年始建，1880年建成的哥特式建

⊙ 涠洲岛远眺

⊙ 涠洲岛风光

筑盛塘村"涠洲天主教堂";1882年建成的城仔村"法国天主圣母教堂";又有该岛民众于清乾隆三年（1738年），在海岛港口南岸利用海蚀洞做天然屏障，庙与岩洞巧妙结合在一起建成的风景幽雅的"三婆庙"（妈祖庙的别称）；当地政府在南湾即涠洲岛中的半岛修建的鳄鱼山公园（因其状似一条在海面向前游动的大鳄鱼而命名）；中国首座建在海岛上的火山地质博物馆等颇具特色的人文景观；构成了人与自然和谐统一、海洋与陆地整体有序的景观系统。独特的火山景观、海蚀景观、热带植物景观和人文景观让涠洲岛风光迷人，并表现出为旅游者赞叹的世界罕见的神秘美、动态美、残缺美，而成为富有科学价值和美学价值的科普生态旅游海岛。明代戏剧家、文学家汤显祖游历涠洲岛时，叹其奇异绚丽风光，留下了传颂至今的诗句："日射涠洲郭，风斜别岛洋"。

奇特的
红树林自然景观

广西沿海有一片片令人称奇的红树林，它是陆地与海洋间特有的景观。广西红树林最具代表性的是北海市山口红树林生态国家级自然保护区、防城港市北仑河口红树林生态国家级自然保护区和钦州茅尾海红树林自治区级自然保护区。连片大面积的原始红树林群落有"海上森林"之称，其品种主要包括白骨壤群系、秋茄群系、海漆群系、木榄群系、桐花树群系、红海榄群系、海草群落和银叶树群系。它们倚海而生，百里绿毯铺地盖海，幽秘神奇、随潮涨而隐、潮退而现。涨潮时，只看到红树部分婀娜的树冠，饶有"犹抱琵琶半遮面"，看似"有位佳人，在水一方"的浪漫情景；落潮时，那带有海泥芬芳的树干含羞姗姗地露出海面，宛如一位绿色仙女飘逸潇洒、阿娜多姿的形态，似一幅"千呼万唤始出来"的画面。潮水退去，苍翠欲滴

⊙ 山口红树林生态国家自然保护区

的海边森林，那千姿百态、纵横交错扎于海滩浅泥里的红树根系纵然暴露，显现出其防风消浪的傲然风骨，让人感到这些天然的树根比根雕艺术品更加鲜活生动，更加富有艺术气息和美感。

⊙ 钦州海滩与海岛连成一片的茅尾海红树林

这些"海洋森林"之所以令人流连忘返，不仅在于潮起潮落间形成的绚丽多彩的景色，还在于群群白鹭在红树林间，怡然自得觅食玩耍，让人感受到"落霞与孤鹜齐飞，秋水共长天一色"的诗意画卷。这些"海洋森林"是中国古老孑遗海洋动物的重要栖息地，底栖动物的生物量为全国前列，其中有中国一类保护海洋动物鸭嘴海豆芽，二类保护海洋动物圆尾鲎、中国鲎和黄鲎；还有白鹭、灰鹤、沙鸥、红隼、小鸦鹃、水鸭等百种鸟类、昆虫、贝类、鱼、虾、蟹等各种海洋生物，是海洋生物生殖洄游、觅食、繁殖，候鸟迁徙栖息的重要场所。这里孕育着丰富的生物多样性，在保护珍贵的海洋遗产和生物多样性方面具有不可替代的作用。

红树林的奇特，还在于它的繁殖方式——"植物胎生"，在植物界非常罕见。胎生植物是植物中少有的物种，红树也会开花结果，为适应高盐份的生存条件，避免种子可能被海浪冲走，种子萌发于树上的果

实里，生长成20～40厘米的小树后，才从大树上落下，插入稀软的泥土中生根。这种为了繁衍生息在大自然中适者生存的进化，是多么的奇特。

⊙ 北仑河口红树林生态国家自然保护区

⊙ 茅尾海红树林

碧海中跃动的精灵
——钦州白海豚

在钦州三娘湾海域，您有机会见到在别的海域难得一见的中华白海豚。白海豚曾广泛分布在中国南海到东海的广阔海域，但由于近30多年间人类对海洋的过度开发，其栖息地遭受严重破坏，致使白海豚种群数量急剧减少。生活在北部湾的白海豚被誉为"海上大熊猫"、碧海中跃动的精灵，它与中国沿海其他地区的中华白海豚有所不同。据研究人员考究，它们很可能是在末次冰期结束之后，才随着海面的上升而从东南亚迁移来的，在距今60000年前与我们的祖先一起到达北部湾，成为这里最早的拓荒者。北京大学潘文石教授的研究团队采集来自钦州白海豚的样本，发现了一个迄今为止在中国沿海其他地区白海豚身上都没有出现过的特殊的、稀有而古老的基因型，说明钦州三娘湾拥有独特的白海豚地理种群。

也许是人类与生物迁移的历史渊源和现实的生态环境缘故，三娘湾的白海豚并不惧人。白海豚性情活泼，常年活跃在三娘湾海域，每当渔民出海捕鱼，白海豚就追逐着渔船嬉戏、觅食，海鸥也尾随其后，大家和谐相处。当风和日丽、游人出海观光时，白海豚则围在游船旁跳跃戏逗游客；游人在欣赏白海豚曼妙舞姿的同时，还可以择机与之亲密接触。这是一幅人与海豚亲密无间的美好画面、海洋生态共荣的奇观。而当您为不同颜色的海豚绽放绚丽多彩的海上芭蕾而叹为观止时，"海豚为什么有那么多种颜色"、"三娘湾究竟有多少白海豚"等问题会油然而生。

白海豚是一种长寿的物种，已有记录可活38年。白海豚身体的颜色依据一定的规律变化着，通过颜色可以知道白海豚所处生长阶段。白海豚幼仔的身体是深灰色的；皮肤会随着年龄增长而逐渐变成浅灰色并开始出现白色斑点，白色斑点又带有些粉红色。随着年龄增长这些斑点不断扩大，当海豚成年时，身体就变成白色带有深色斑点；到了老年，海豚身上的深色斑点不断褪色，一直到几乎变成纯白色。研究中华白海豚的专家认为，北部湾的白海豚有可能成为地球上最后一个健康的白海豚群

◎ 戏水的海豚

体。他们通过照片识别的标记——重捕法，调查三娘湾及附近海域的白海豚数量，研究分析估算出北部湾白海豚种群的平均数量为176.5头，有效繁殖群体大小在51.092～163.755之间。

多少年来，海水平缓的三娘湾海域一直是中华白海豚的生存天堂。被称为"碧海精灵"的白海豚的存在，体现了我国在自然保护

◎ 多彩的海豚

方面所做的努力。保护北部湾的白海豚，也就是保护成千上万种其他生命形式的生存。

中华白海豚
"相亲相爱"的奥秘

人们都说，中华白海豚是一群高智慧、情感丰富的海洋动物，能够模仿人类的简单音节，发出像唱歌的声音来，也像人类那样"相亲相爱"。

在钦州三娘湾海域，曾发生了被人们称为"三娘湾海豚最感人的一幕"：一只成年大海豚用脊背驮着一只已死去的小海豚艰难地往深海处游去，小海豚几次滑落下来，大海豚又潜下去把它驮起来继续前进。此外，人们发现如果中华白海豚的仔豚被网挂住或受伤，母豚（大海豚）即在周围绕游，不弃不舍，企图营救。若母豚受伤行动不便或遭遇不测，仔豚也在原处徘徊不肯离去。中华白海豚这种通人性的"相亲相爱"眷恋行为，源自于其独特的生活习性与本能。

与其他陆生哺乳动物类似，中华白海豚肺部发达，用肺呼吸。人们常看到海豚从海面上跃出，却不知那是海豚在换气。海豚呼吸时一般在水面上先露出吻突和头部，当它上半身浮出水面后，便会用力从气孔呼出肺里剩余的空气。中华白海豚过着群栖的生活，同其他鲸类一样，它是在水中生儿育女的；交配的季节一般在每年的5、6月间。此时雌雄海豚同游，交配时雄海豚翻转身体，腹部朝上，雌海豚则俯游其上。小海豚出生后即会游泳，但它们在6个月大以前，并不会自主跃出水面呼吸，而是需要由母亲用头将它顶出水面呼吸。海豚的哺乳期约一年，出生后的小海豚形影不离地跟随母豚的身旁。所谓"三娘湾海豚最感人的一幕"，其实是中华白海豚的生活习性。听说，将受伤的同伴托出水面辅助其呼吸是海豚的一种习惯，即便不是伤者的母豚，别的海豚也会这么做，因为海豚是哺乳动物，需要浮出水面呼吸。为了帮助没有自主能

力的海豚呼吸，别的海豚会拼命地用自己的吻部将其推向水面，并不断重复这些动作。

中华白海豚不仅与同伴相亲相爱，而且还与人类"相亲相爱"，成为人类亲近的好朋友。然而，根据研究人员调查，其实，一开始海豚都不愿意靠近人，后来，当它们觉得人们对其无敌意后，戒备之心才逐渐消失。海豚露出水面看人时会摇动头部，这也许是保持身体平衡的动作，却给人们亲近的感觉。人们总是在风平浪静时才有可能看到白海豚，而对于在海上作业的渔民来说，风平浪静无疑是利好，于是便有了看见白海豚是吉兆之说法，并传承至今。

⊙ "相亲相爱"的中华白海豚

人们常说三娘湾的海豚有灵性，能与人亲密无间。那是因为三娘湾沿海有丰富的动植物，有生物多样性的江口生态系统及浅海生态系统，为白海豚的生存繁衍提供了食物；更重要的是这里的人们对白海豚的关爱及保护。据说前些年，有一头海豚因退潮而搁浅于海滩，三娘湾渔民发现后，把它送回深海区，被救的海豚围绕护送它的船转了好几圈，久久不愿离去，既像感谢它的救命恩人，又像依依不舍地向亲人告别。

但愿人类与中华白海豚永远和谐相处！

海豚奇闻
——相救不离不弃

　　人们都说海豚是聪明、亲善并极有灵性的动物。民间流传了不少有关海豚救人的美好故事，在一些城市的海洋馆也会看到海豚驮人的表演。但是很少人有机会看到海豚相救不离不弃的真实动人的情景。在钦州三娘湾海域就发生过中华白海豚这一罕见的一幕，幸运的渔民和游客目睹了全过程。有心的游客还拍下了照片挂到网上感叹！

⊙ 母海豚驮着死去的小海豚游向深海

　　那是2012年7月8日上午10点钟左右，离三娘湾海岸3千米左右的海域，碧绿的海面，突然出现一只成年海豚驮着一只小海豚浮出海面的情景，一些海豚围在周边。远远看去，人们还以为是海豚在嬉戏玩耍，近看，才发现原来小海豚已经死了。死去的小海豚身体呈粉红色，据当地渔民判断这是一只刚出生不久，但死去多日的小海豚。也许是这群海豚不相信小海豚已经死了，将它托出海面，让它呼吸新鲜空气，试图把它救活；或许是这些海豚知道小海豚已不行了，但它们认为："无论你是生是死，我们都不会抛弃你，撇下你"，而要把它带去应该去的地方。大海豚驮着小海豚的遗体慢慢地游，显得很吃力、很辛苦。在风浪的拍打下，

⊙ 海豚几次从母海豚身上掉落，但母海豚还是不离不弃

小海豚一次又一次地从大海豚的背上滑落，大海豚则毫不犹豫地一次又一次转头回来潜下水去，把小海豚驮起来，昂起头继续前进……看着这一场景，所有在场的渔民和游客都被海豚不离不弃的至高的爱所感动。

⊙ 游客目睹了大海豚救助小海豚不离不弃感人至深的一幕

在人们为海豚的至深感情所震撼、伤心和感到遗憾的同时，不免也深深地自责：小海豚为什么会死去？人类怎样才能给海豚创造更好的生存繁衍的环境呢？试想一下，如果三娘湾没有了白海豚，会是一个什么样的海湾；世界没有了海豚，人类又将会怎样？

奇妙的"龙泾环珠"

在钦州湾国家级海洋公园茅尾海的海面上，分布着100多个大大小小、形态各异的小岛。这些小岛像钦江、茅岭江两条巨龙吐出的颗颗明珠，使这一片海域形成众多曲折多变的水道，各个小岛又被这些弯弯曲曲称之为"泾"的水道所环绕。虽然谁也没有数过究竟有多少道水泾，但也许由于船在泾中走，如走迷宫一般，联想到"齐天大圣孙悟空"的七十二变，便把众多的"泾"确定谓"七十二泾"；而又因其泾泾相通，岛岛相望，泾如游龙，岛像明珠，故又赋予"龙泾环珠"之美名。1998年，"龙泾环珠"经钦州市景观评审委员会评定为钦州市八大景观之一。

"龙泾环珠"从高空俯瞰，一个个小岛宛如一颗颗碧绿璀璨的玛瑙，参差错落地撒落在一个蔚蓝的大玉盘中；徜徉于泾内，小岛环列，泾深浪静；人在船上坐，舟在泾中行，道是疑无路，忽又豁然通，仿佛置身于世外桃源，感觉非常奇妙。

千百年来，被誉为"海底活化石"的红树林默默地生长在"龙泾环珠"的岛与泾之间，潮来淹没，潮去显露，其树冠茂盛，千姿百态，郁郁葱葱，青翠的红树林与潋滟的波光交相映辉，蔚为壮观。而由于红树

龙门岛风光

林的存在形成的充满活力的湿地生态系统，使大量的海洋生物在这里得以繁衍生息，构成一幅幅别致的生态美景，又给人一种赏心悦目海上绿洲的感觉。当你乘舟入泾，往往是"山重水复疑无路，柳暗花明又一泾"，展现在眼前的便是一幅幅俨然人间仙境的不同画面。正如明代诗人董廷钦诗云："龙江一曲绕营隈，水满堤罗泾泾开。七十二溪分复合，八千万里去还来，川鲸暂隐珠帘洞，海唇频嘘碧玉台。谷口桃源如有路，渔郎误入几时回"。

有言道："七十二泾通四海，南国蓬莱秀中华"。

南国蓬莱钦州七十二泾

神奇壮观的三娘湾大潮

　　钦州三娘湾的美，不仅在于她有动人的传说、珍稀的中华白海豚，还有那神奇壮观的大潮。

　　三娘湾大潮的神奇，是特定地理条件的成就。三娘湾位于北部湾顶和钦州湾内侧，处于一条由宽变窄、由深变浅的积沙带上，当潮水涌入三娘湾海域时因狭窄而阻力增大，潮水前进速度大减，紧接其后的潮水仍以排山倒海之势推波助澜，以至形成前潮未进后潮已涌至，出现"后浪赶前浪，大浪叠小浪，一浪叠一浪，一浪高一浪"的涌潮，和"后潮叠前潮，大潮叠旧潮"的潮中潮。当潮水涌入到那条长及数里、横亘海中的积沙带时，又再次被层叠堆高，在海浪连串推高叠举的作用下，潮水怒吼向前，形成万马奔腾、排山倒海之势的三娘湾大潮。

三娘湾大潮

　　三娘湾大潮的壮观，是潮时长景观秀的写照。三娘湾大潮极致时潮高可达5.9米，浪高3至4米；三娘湾大潮持续时间长，每次大潮形成持续时间为5至7天，每天大潮持续时间在3至5个小时。而海滩上巨石众多，有观潮石、母猪石、三娘石、风流石、天涯石等等。当大潮来时，远看，只见远处出现一条白线，由远而近，宛如一条延绵不绝，横贯海面的白练，潮头像一堵水墙，伴随震耳欲聋的涛

⊙ 三娘湾大潮

声呼啸而来，蔚为壮观；近看，潮水汹涌澎湃，以"滔天浊浪排空来，翻江倒海山可摧"之势，前赴后继地拍打滩上的礁石，浪花飞溅，涛声震天。在这种人们通称为"涌潮"中，游客可观赏到惊涛拍石的"双龙相扑"、"巨龙腾飞"、"浪拍奇石"等海潮壮观。

三娘湾大潮的神奇壮观，被人们将其与钱塘江大潮相提并论，称两者为姐妹潮。三娘湾国家4A级旅游景区管委会，每年都在大潮期间，举行"钦州三娘湾观潮节"。三娘湾观潮节活动精彩纷呈，游客

⊙ 观潮的人群

们观赏大潮，参加各种活动，与大海亲密接触，享受大自然恩赐的海水、沙滩与阳光，流连忘返。现在三娘湾观潮节已成为广西的旅游品牌，2012年被列为广西十大旅游节庆品牌。

三墩岛的秀丽与传说

　　在钦州，谈到大海、谈到沙滩，也许有人会抱怨这里的海没有银滩和金滩那么波澜壮阔，这里的滩没有银滩的白而细，没有金滩的亮和美。因为钦州的海很低调，她要需要我们用心去发现，去寻找，去细细品味。

　　三墩岛，就是钦州的这么一片海，她像一个养在深闺的妙龄女子，美丽而宁静，令人陶醉和向往……她位于钦州港偏东南方向的10千米左右的外海上。这里原由三个小海岛组成，故名叫三墩。

⊙ 三墩岛

　　在当地人眼里，三墩是一个神秘而耳熟能详的名字。三墩，是傲立于钦州湾沿海由群海倚抱的三座海礁。传说很久以前，这里风景秀丽，羡绝诸界。忽然，出现了三个害人的妖精，它们使法捉住了南国最美丽的七十二位豆蔻少女，惊动了天廷。天廷紧急派天兵天将下凡收伏妖精。但由于妖精们神通广大，天兵天将铩羽而回，束手无策。太上老君建议请孙悟空去降妖，但又担心猴子不容易上钩。有人建议让管蟠桃的土地在那里种上仙桃异果，引诱孙猴子下凡降妖。玉帝同意了这一建议，让土地爷带上仙水和种子驾云腾雾下到半空，在附近的山上撒下了仙果种子，撒足了仙水，山上很快

⊙ 三墩岛的浪

长出了参天大树并结出了异果，香气飘逸，惹得妖精们都忙着去抢果子，顾不上害人了。这座种了异果的山后来叫果子山。可是该由谁去引孙猴子上钩呢？大家一致推选太上老君。太上老君领命后赶往花果山，告诉孙悟空在果子山上有美味绝伦的蟠桃和奇果，只字不提有妖精的事。大圣立即腾云驾雾赶往南国果子山，在吃到仙桃的同时也激怒了众妖精，大圣与三娘等人与妖魔大战七七四十九天，降服了妖魔。妖魔化作海里的三座小岛，便有了三墩岛，三娘化作了三块神奇的石头，便是三娘湾。天廷感怜那七十二个姑娘，让她们的灵魂上天做花中仙子，凡身化成了七十二泾。

多少年来，矗立在钦州湾畔的三墩岛，像一头雄狮扼守北部湾。而其周围，是一片远离尘嚣、水清沙幼的鱼乐天堂。这里曾有一个个蛮荒小岛，有养殖珍珠的珍珠场，几个看螺人，几间低矮的砖瓦房，甚至几个蚝棚，山上郁郁葱葱的野草和荆棘……海螺满地，雀跃虫鸣，渔获丰美，一切都是原生态的。

三墩，从钦州港规划的那天起，它就成了三十万吨码头的首选之地，全长13.26千米、总投资5亿多元的大榄坪至三墩公路是钦州市

"三区两路一航道工程"的重点建设项目。几年来的吹沙填海让三墩岛屿附近形成了壮阔、美丽的人工沙滩，成了许多民众看海、露营、户外活动的"胜地"。每逢节假日，三墩岛游人如织。低头捡螺，随处是惊喜和收获；坐在沙滩上，清风拂面；漫步在海滩上，轻柔的海水轻轻拍打脚丫。岛上树林间鸟语花香，沙滩金光闪闪，跳跳鱼在碧蓝的舞台上玩起"蹦跳神功"……远处，一只只小船漂浮在风平浪静的海面上，此情此景，融为了一幅优美而静谧的海景画。

进入三墩，映入眼帘的是几百平方米填海平台的进口所立着的一块巨大的地标规划图。移步百十米，就看到三座小山礁，它没有想象中的巍雄，青秀，并列一线的小山峰上有些小的植被，可作略赏。往前便会看到常年被海水和季风所侵蚀的礁石，礁石黝黑，布满了蚝壳，密密麻麻，凹兀怪异，别具一股沧桑、风凉之味。站在海堤边，四周极广的海域，无边无际，置身其中，仿若整片天地尽

⊙ 三墩岛日出

在掌握中，极目远眺，碧海蓝天间，天际仿佛已经混为一色，涛浪涌翻甚为波澜壮阔，鄰漓光色，美幻无穷。浩瀚而恢宏的碧涛席卷整个洋面，形成或大或小的漩涡，击拍着立脚的巨石，发出怦然雷鸣。

随着三墩岛三十万吨级码头和船舶修造基地的建成，它将向人们展示一幅临海工业发展的伟景。但同时也让人心里产生矛盾：既想要现代的工业蓬勃发展，又想让三墩岛依然宁静，海岛秀色长存。

"水口大王"
亚公山的雄姿

在钦州茅尾海通向深海的"路途"中有片狭窄的海域，气势雄伟的亚公山就屹立于其间，远观似一艘乘风破浪的军舰，近看如巨大的屏风，像中流砥柱守着水口，故有"水口大王"之称。

⊙ 远眺亚公山雄姿

亚公山之名源于岛上曾立的土地庙，又因岛上草木葱茏，被誉为"海岛植物园"。它是北部湾上植物种类最丰富的海岛，岛上奇花异草和珍稀植物繁多，叶状植物浓密茂盛，枝条藤蔓攀爬绕树，绿油油的植被覆盖着整个小岛。在岛的西面，几棵树叶呈心形，花朵粉红色的"芝麻树"（当地渔民俗称）迎风而长，开花时煞是好看；在岛的北面生长着一棵10多米高的大榕树，成为渔民们许愿的地方；在靠近海面的岩石上，顽强地生长着一些结果的树木。据说岛上还有十年才开一次花结一次果的人心果，以及许多不知名的、漂洋过海的外来植物。岛南半崖上栖息着大群水鸟，日落归巢时十分壮观。

⊙ 近看亚公山陡峭的崖壁

亚公山的雄姿壮观，还在于其东西南三面岩石壁立陡峭，花岗岩石形状有的如刀削般锋利，有的纹路像夹心饼干，错落有致地横亘在海岛上及周围。其1.1万多平方米，岸线长567米的"中流砥柱"作用，使海水在潮起潮落时，犹如万马奔腾般地"渲泻"于两旁，形成壮观场面。

海阔，浪静，泾幽的"茅尾海"

　　钦州茅尾海是我国首批公布的国家级海洋公园，是个富饶美丽的半封闭内海，它拥有处于原生状态的红树林和盐沼等典型海洋生态系统。良好的海洋生态系统和特别的地理环境，使它成为近江牡蛎的全球种质资源保留地和我国最重要的养殖区与采苗区。

⊙ 广西茅尾海红树林自然保护区

　　茅尾海内宽口窄，形似布袋状又如湖泊，面积约134平方千米，海岸线长约120千米，南北纵深约18千米，东西最宽处为12.6千米。据说，茅尾海得名是因为在这片海域的"布袋"尾部有一个小岛，小岛上面长着长长的茅草，人们因此把这片海叫做"茅尾海"。半封闭的茅尾海，海面风力不大，常常是风平浪静，好像一面巨大的镜子镶嵌在北部湾畔。在这片一望无际风平如镜的海面上，有壮观的海景，秀丽的小岛，旖旎的水泾，还有典型的岛群红树林、特有的岩滩红树林，以及

七十二泾的"龙泾环珠"岛群红树林景观。

茅尾海生物种类繁多，有红树植物11科16种（含半红树植物和红树伴生植物），其中珍稀红树植物1种、濒危红树植物2种；动物444种，其中鸟类90种，昆虫46种，两栖爬行类动物13种，底栖动物186种，软体动物60种，节肢动物79种，棘皮动物12种，浮游动物约82种，水母类28种；海产品中的大蚝（牡蛎）、青蟹、石斑鱼、对虾则驰名中外。钦州市政府为了宣传钦州名产"大蚝"，打造城市名片，在茅尾海旁边修建了一座气势磅礴、能容纳一万观众的现代化滨海大型露天剧场，举办"中国钦州蚝情节"。

⊙ 钦州茅尾海茂密的红树林湿地

妙趣天成的"青菜头"

钦州港建港初期，时任国务院总理的李鹏同志，坐舰艇沿着钦州港的亚公山、果子山、青菜头视察建港情况，几次赞美钦州港这个地方说："很美，很美，是个好地方，要尽快开发。"并在舰艇上挥毫写下了"建设大通道开发大西南"的题词。1994年，时任全国政协副主席的杨汝岱同志视察钦州，登上钦州港码头，远眺山海

⊙ 近看钦州港青菜头鳄鱼石

相映的港湾则不时赞叹："好地方！好地方！港口与风景区连在一起，中国只是钦州独有。"而今，钦州港已初具规模，正向区域性国际航运中心迈进，海港码头一派繁忙景象，港湾的景色显得更加诱人。

钦州港港湾内不仅有风光旖旎的七十二泾，还有众多参差错落形体不一的秀丽岛屿。妙趣天成的"青菜头"小岛乃是其中之一。该岛位于出入钦州港勒沟作业区码头必经之水路，因远望酷似一棵横在海上的青菜而得名。岛的面积约1.92万平方米，岛上有两个小山峰，虽海拔只有17.8米，却傲然耸立，山峰草树青秀。登上峰顶，向南遥望大海，万里碧波，白浪滔天，令初到海上的人头晕目眩；向北观看钦州港勒沟码头作业区，一艘艘满载货轮靠泊码头，吊机上下穿梭移动，好一派繁忙景象；再看茅尾海出海口，银波粼粼，百舸竞航。

岛上的大小石头受海浪漫长岁月的冲刷洗礼，形态各异，妙趣天

成。有的像笋尖、似异兽，有的如蜂房、若洞穴；有的犹如一尊尊塑像，将军石、望夫石、情侣石、鳄鱼石、企鹅石等等，千姿百态、惟妙惟肖。望着这些神态如生的石块，使人浮想联翩，或忆古追今，或深省凝思，或豪情满怀。

⊙ 钦州港"青菜头"的鳄鱼石

　　岛的四周海域水深约10多米，是石斑鱼、乌鱼、对虾、青蟹等出没的地方，浅海捕捞的好渔场。临滩还有垂钓屿，时有渔夫渔妇垂钓；岛周边海滩乱石中海水清澈，风平浪静时，可见水中游鱼竞争觅食争饵；还有形状各异、大小不一、颜色艳丽的贝壳。在海滩乱石中凿蚝、翻螺、捉蟹，又另有一番情趣。

⊙ 钦州港"青菜头"远景

麻蓝头岛的自然情趣

　　麻蓝头岛是钦州湾上保持着自然山丘状态的小海岛，为钦州新八景之一。它位于钦州犀牛脚镇西北角5.2千米外的大海中，东北距大陆0.5海里。相传古代此地原是一片海滩，不知何时从钦州湾西南游来一条大南蛇。南蛇游到此地，看到北岸的硫磺山，不敢再前进而盘踞于此，便形成了岛屿，因岛的形状似一麻篮头而得名。该岛与大环半岛隔海相望，退潮时可从大环半岛沙滩上涉水徒步过去，涨潮时从岸边乘坐游览船半小时可到达。

⊙ 远眺麻蓝头岛

　　麻蓝头岛面积不大，却充满了自然情趣。岛酷似一个牛轭，呈弯月形，南北走向，岛的最宽处有800多米，最窄处只有300多米。岛的南部有座高21.8米的小山峰，岛体由红色粉砂岩组成，岛上植被完好、人工林密茂、整齐，木麻黄树成荫。岛的西南面遍布千姿百态、奇形怪状的礁石，诱人遐想。岛的西北面是一大片宽阔平坦、金黄幼细的沙滩，激人畅游兴趣。岛的东南面是一天然小港湾，为避风锚地，港湾内

可见一片时隐时现的红树林，当退潮时，红树林犹如一块绿毯便从海里呈现出来，当再次涨潮，红树林又隐没到海里，恰似红树林与海的情感如潮水起落般的纠葛。登上岛上的小山峰顶，只觉得海风拂面，心旷神怡。一览大海的宽阔，极目海天，碧波荡漾，天水一色，沙鸥翱翔，锦鳞游泳，风帆点点，渔歌互唱，轻风指面，心旷神怡，豪气而生。漫步在岛上弯弯曲曲盘延在树林里的长长的鹅卵石子路上，脚底下酸酸痒痒的感觉，止不住有一种惬意涌上心头。麻蓝头岛一带还有其他海滩难以见到的沙虫、沙蟹，以及岛外浅海处穿梭往来的沙钻鱼。

麻蓝头岛独特的海岛风光给人带来浓郁的自然气息，其良好的生态，舒适怡人的自然环境，正成为人们休闲的度假村。

别具风情的海中孤岛
——钦州大庙墩岛

在快节奏的现代生活带来喧嚣的同时，人们在偶尔的悠闲中可能都会向往一个能与爱人携手相拥、孤岛相伴、没有世俗纷扰，没有任何吵闹的地方。钦州市大庙墩岛就是这么一座现实版的海中孤岛，它拥有一个十分好听的名字——情人岛（当地人叫大庙墩岛），这是一座象征美好甜蜜的情人岛、爱情岛！

⊙ 大庙墩灯塔

大庙墩，位于广西钦州市犀牛脚三娘湾伏波庙往南一千米的海面

上，是座美丽的海中孤岛，也是钦州市三娘湾旅游风景区景点之一，因岛对岸有间大王庙而得名。该岛长190米，宽160米，面积约0.032平方千米，海拔25.1米，呈长方形，为无居民海岛，偶尔有钓鱼人或情侣结伴到此游玩，当地人又称之为情人岛、爱情岛。大庙墩最明显的标志就是大庙墩灯塔，灯塔始建于1958年，2004年5月由广东海事局北海航标处重建，白色圆柱形钢筋混凝土结构，灯塔高18.4米，灯高39.1米，射程18海里，是钦州湾口门的重要助航标志，它与东南方向的冠头岭灯塔、西南方向的白龙尾灯塔组成航标链，为航行于北部湾广西沿海的所有船舶提供有力的助航保障。

从三娘湾南端的乌雷大庙墩海堤码头乘船可达大庙墩岛，大庙墩岛上杂草丛生，岛礁怪石嶙峋，浪卷云飞。置身于岛中，你会感受到从未有过的纯粹的"宁静"，可以放空自己，发发呆，亦是对着天空吼叫，或是在岛上狂奔……傍晚时分，在晚霞的衬托下，岛景显得格外的美丽。偶尔，在岛屿的西边还会出现绚丽的五彩奇云，让人叹为惊奇。这里也是摄影者垂涎的天堂。

⊙ 大庙墩灯塔远景

登高观海
——乌雷岭

乌雷岭，又称凤凰岭、大山岭、丝螺岭、兵防大岭。屹立于广西北部湾之滨，在钦州三娘湾西南面约2千米处，与钦州尖山、那雾岭相望，风景秀丽。由5个山峰组成，最高峰海拔为100.8米，占地1256亩。

据明嘉靖《钦州志》载："乌雷岭发脉自那暮山（那雾岭）"，"此岭独遗群山，亘出大海而近交趾，交船恒至此，闻交人每岁望祭之。"由于乌雷岭的独特方位，景观迷人，又是广西北部湾畔第一峰，历代为北部湾畔人民登高观海的胜地。登上观海台，可见北海防城、越南海防；东看美丽三娘湾，海豚迎宾客；南瞰北部湾大海，波涛翻滚；西观南方大港，保税物流；北望滨海新城，高楼林立。北部湾风貌尽收眼底，乐趣无穷。

乌雷岭不仅风景秀丽，还是边防重地。明嘉靖《钦州志》载："自宣德元年（1426年）交趾黎利叛，始命广东都指挥程场领军于钦城南、北立四营以守，后因之。"此后，朝廷都派兵将驻守。新中国成立后，这里一直设有边防哨所，为国防事业作过重要贡献。20世纪60年代以来，罗瑞卿、曹伯纯、李兆焯等党政军领导都曾亲登乌雷大岭。

乌雷炮台，位于乌雷伏波庙正前方隔海相望的炮台墩，岩石奇崛，威武雄壮，建于清道光十一年（1831年）。原炮台"高一丈四尺，周围四十四丈，门楼一座，官署三间，兵房十四间，火药局十四间。二千斤炮位二位，一千斤炮位二位，五佰斤炮位四位。"今沿岛周围墙多被拆毁，残存墙高3米许，其余为1至2米，现为钦州市文物保护单位。

乌雷岭山顶上正在建状元塔。站在36米高的7层状元塔上，将可一览北部湾上往往来来的船只，远眺北海滚头岭静卧在烟波之上的亘古身影，遥望越南海防市一抹淡白的楼影。让人在揽海入怀、一览众山小之间，油然生起一种神圣而纯朴的豪情……

⊙ 远眺乌雷岭

望海岭、望大海、望故乡
——钦州望海岭的故事

"幸得闲情登望海,盈眸新象豁清衷。蓝天似纸山如笔,无限风光望海中。"这是一位诗人登高望海后的感触。诗中描述的正是位于钦州市钦北区大寺镇的望海岭。

大寺镇并不靠海,距海岸线的直线距离至少也有30千米,但为什么境内会有望海岭呢?

望海岭位于钦州市钦北区大寺镇镇区北部3.5千米处,横跨大寺镇、那蒙镇两镇。东北沿西南走向,长约9千米,宽约5千米,有东西两个山峰,东峰称东望海岭,海拔425米;西峰为主峰,海拔479.8

⊙ 望海岭风光

米，是大寺镇第一高峰。晴日登其顶峰往东南方远眺，可望见远在几十千米外的北部湾的茅尾海，望海岭因此得名。当然，还有人说，由于钦州与越南接壤，越南女子有嫁到大寺来的惯例，她们思念故乡，便到望海岭上登高遥望，久之，便有此山名。

望海岭整个山体为花岗石山体，南北两面整体坡度比较平缓，呈圆弧形，而东西两面坡度稍显陡峭险峻。在东西两峰之间的山谷深处，有一条蜿蜒曲折的石路从谷底通往西主峰山顶。山腰及以下是郁郁葱葱的森林，山间林木繁杂，漫山满谷的植物群组成了绵延起伏的绿色世界。山涧小溪流水潺潺，溪水清澈见底，小溪两旁多为乔木与灌木丛交织林。空气中负氧离子含量极高，整个山谷俨然一座巨大的天然氧吧，是炎炎夏日人们休闲旅游、消暑纳凉的好去处。在望海岭正南面有一山麓名叫棋盘麓，麓里古树参天，古藤缠绕、怪石嶙峋。其中有一石叫棋盘石。其石呈方状，表面有棋盘状线条，旁边有数个印迹酷似人的脚印。相传古时常有仙人在此对弈，此印即为仙人所遗留。从山腰往上至山顶，呈现在眼前的便是望海岭最具特色、最吸引人的景观：只见满山坡奇岩怪石，或如灵龟，或如扇贝，或像春笋，或似卧仙。无不惟妙惟肖，栩栩如生，每一块石都错落有致地附着于山顶绿色的草坪上，仿如绿毯上镶嵌着的颗颗宝石。

望海岭之奇，不在于山之奇，在于它与钦州历史上的文化名人所结下的不解情缘。宋代钦州知府陶弼作有《望海岭》一首："望子成海楼高目力宽，海潮来处是天根。日边市舶程途远，水外亭台景象昏。巨鳄出时防患害，大雕当北各飞翻。将军有意还铜柱，俯看南溟气欲吞。"望海岭下有望海农业中学（望海农中）旧址，民国二十九年（1941年），省立钦州师范学校为躲避战火，曾经迁校至大寺望海岭东面山脚下办学一年。新中国建立后，在原钦州师范学校校址上建成望海农业中学。而大寺境内的两名知名人士冯敏昌、黄明堂也选择此地作为他们的身后归宿。如冯敏昌墓（夫妻合葬墓）便位于广望海岭南麓的三箭岭上，现为钦州市重点文物保护护单位。墓为覆釜形，砖石三合土结构，墓身直径6.4米，高3米，占地263平方米。砖砌拱门式坟头，内镶大

理石墓碑，碑文是："皇清诰授奉政大夫刑部河南司主事加一级兼户部浙江省吏部翰林院编修加二级记录四次显考鱼山冯府君暨诰封宜人显妣潘太宜人合葬之墓"，后署"孝男冯士镳率孙绍宗、绍沄等立石"。墓后竖立刻有"清诰授奉政大夫刑部主事鱼山冯君墓表"石碑一块，是清内阁学士、著名书法家翁方纲撰书，字迹苍劲，保存完好。

⊙ 望海岭风光

文峰卓笔插浮虚

文峰山，屹立于钦州城南郊约3千米的尖山镇东面的钦江之滨钦江出口处，由尖山和雷庙头两峰组成，东西走向，长约280米，面积33000平方米，海拔43.7米。它与狮子头岭隔江相峙，开成横锁钦江水口之势，三面环水，因名镇安峰。因峰峦峭拔，"平地突起一峰，圆净尖秀，形如卓笔"而得名"文峰卓笔"。又因其山形陡峭，尖形，似文笔状，故又叫尖山。其北面的三山岭脚有雷庙，岭顶的三山亭是钦州宋代名亭之一，为宋庆历年间钦州知州陶弼始建。相传主峰顶曾经有烽火台，当

◉ 文峰山脚下之雷庙

时有海盗乘船沿江而上，在钦城下南面一带抢掠，烽火台就是用来报警的。龙门有军队驻守后，海盗不敢来了，烽火台失去了作用，后建起砖塔，高约四米。此塔曾经历代修葺，民国时进行改建，名为"观潮亭"，亭为八角形，宽4米，高3米，四向有拱门。亭身和顶盖均批塘白灰，水泥地面，塔顶有一丛茅。后被拆掉，民国二十九年（1940年）重修。塔四面有门，南可观茅尾海，北可览钦州全城，西望远处之十万大山，东看矮小之山丘，为登高览胜之佳处。

⊙ 文峰山远眺

　　文笔峰三面环水，矗立于万顷田畴之间。远看，其"削玉孤高"、"欲挥星月"，拔地凌空，气势磅磅。山上树木郁郁葱葱，层林叠翠。登山远眺，一泻千里的钦江到此则五里徘徊，三回九曲。南瞰大海，白帆荡远影，红日漾琼波。俯览万里平畴，"花吐春香花人梦"，"风生秋近草游龙"。北观钦城，海光山色，城乡风貌，尽收眼底。此山是钦州市的登高游览胜地，也是钦州古八景之一。每当春暖花开或秋高气爽时节，游客如云，流连忘返。历代登"文峰卓笔"题咏的骚人墨客，也到此吟诵。冯敏昌九岁那年，曾随其父亲登上尖山顶峰吟诗，有"长江泻万里，砥柱挽文峰"的诗句流传。新中国建立初期，地方政府在文峰卓笔西面的三山岭建立了一座"革命烈士纪念碑"和焦山炳墓。1990年由钦州市（县级）人民政府公布为钦州市文

⊙ 文峰山下纪念碑

物保护单位，1999年由钦州市（地级）人民政府公布为钦州市文物保护单位。

　　新中国建国以来，文峰山上，新造树林郁郁葱葱，松涛澎湃，竹篁幽深，古亭新饰。旧庙重建，云雾缭绕，香火辉煌。文峰脚下导洪工程、灌溉工程、饮水工程、菜篮子工程相继建成投用。钦城至沙井港混凝土水泥路从文峰之下经过，钦北高速公路从文峰面前通过。洋楼广厦从文峰四围竞比高低。文峰卓笔展现出一幅幅日新月异的景象。文峰卓笔，妙笔生辉。

白鹭流连的湿地
——钦州市康熙岭海堤

初冬时节，钦州市钦南区的康熙岭标准海堤周围，仍有一群群白鹭流连在康熙岭美丽的湿地上。白鹭为什么在此时节还恋着这一片湿地呢？

⊙ 康熙岭海堤边的湿地

康熙岭镇靠近海边的长坡、横山、白鸡、诗家、新平、西围、高沙等几个村，共有人口2.5万，水田1.2万亩。为了防止海潮上涨危害田地，历史上，村民们建起一个个挡住海水的田框（即旧海堤），由于它是用泥土堆垒起来的，堤矮单薄，每遇洪水和大浪冲击，极容易被海水冲决。自20世纪90年代末始，当地政府兴建了一条从金鸡圹江边的长坡村一直到高沙村的标准海堤，能抗拒20年一遇的大台风大海潮，在

2003年7月建成启用。同时，当地政府狠抓产业结构调整，把咸酸田改为鸭圹虾塘。仅在1999年，康熙岭标准海堤内的230公顷咸酸田中，就有110多公顷被改建为虾塘、鱼塘和鸭塘。

⊙ 海堤湿地

在进行咸酸田改造的过程中，村民们注意修建好纳潮塘，虾塘、鸭塘随潮涨潮落吐故纳新，排除污水，纳进新鲜的海水养虾、养鸭。潮水退出时，纳潮塘海水干了，小鱼小虾便在浅水里出现，成了白鹭的美餐。村民看见白鹭来觅食小鱼小虾，认为白鹭是吉祥鸟，对它们倍加爱护。白鹭与村民们和谐相处，共同以湿地为生。

2005年1月17日，广西区人民政府批复建立广西茅尾海红树林自治区级自然保护区，总面积2780公顷，分别由康熙岭片、坚心围片，七十二泾片和大风江片组成。康熙岭片位于康熙岭镇辖区的滩涂湿地，面积1297公顷，这里原生长着几千亩白骨壤、桐花、秋茄等土生土长的红树林。在修建标准海堤时，为了保护原有的红树林，水利部门特从长坡葵冲到横山脚黄泥坎弯曲的地方绕道建堤，保护原有的红树林不受破坏。海堤建好后，当地政府积极采取措施保护并发展红树林。到

2007年，康熙岭的红树林有13000多亩，特别是在康熙岭标准海堤外新种植的3千米长的无瓣海桑，成为海堤上的一道绿色屏障，是旅游观光的一个美丽亮点，构建了人与白鹭和谐相处的湿地环境。

在正常季节，每天都有几百只白鹭到康熙岭湿地活动。潮涨时，白鹭到鸭塘、虾塘地势高处觅食；潮水退后，白鹭成群飞到湿地觅食鱼虾；饱食后飞到无瓣海桑林区休息；傍晚，有些白鹭飞回远处投林归家；有些白鹭则栖息在无瓣海桑上。白鹭在红树林上栖息，鸟粪成鱼、虾、蟹、贝的食料，而鱼、虾、蟹、贝又成为白鹭、海鸟、海鸭的美餐，康熙岭湿地成为生态循环佳地。海堤湿地上的红树林，成为白鹭的"天堂"。

⊙ 钦州市康熙岭海堤

康熙岭海堤，风景这边独好，红树林、海鸭、虾塘、鱼塘、白鹭……人与白鹭在湿地和谐相处。

最美沙督岛

它静静地躺在北部湾最美的海岸上，犹如养在深闺的处子在大风江口和三娘湾之间依偎，碧海蓝天、金沙白浪、白云飞鸥与诗意美丽的滩涂，日出日落的五彩斑斓光影，还有勤劳纯朴的渔民，一起构成了一幅梦幻般的海上家园画卷。它就是位于钦州市犀牛脚镇沙角村的沙督岛。

沙督岛位于钦州市犀牛脚镇沙角村南面，处于大风江口与三娘湾之间。南面

⊙ 美丽的沙督岛海滩

是波涛汹涌的北部湾，北面是滔滔不绝流入大海至此却静如湖水的大风江，大风江岸北是有6000多位居民的沙角村；岛的南北两端是连片3000多亩的红树林；东南面还依稀遥对北海市那像海市蜃楼般的幢幢高楼；西面是一水隔天涯的三娘湾。岛上方圆约1.5平方千米，全岛被金黄的细沙覆盖着，是一个人迹罕至的小岛。岛上沙滩清洁，海水清澈见底，金黄的沙滩在海水涨潮退潮之间，形成了独特的纹理，像一支支动听的旋律。由于背靠绵长海岸，与大片的红树林相邻，面向碧波荡漾的北部湾，沙督岛还是许多海鸟栖息嬉戏的天堂。在阳光明媚、风平浪静的时候，可以看到成千上万只海鸥翔集的壮观场面。蓝天、白云、金沙、绿水、白浪，以及漫天飞翔的海鸟，构成了一幅美丽的海上

家园画。旅游爱好者称赞这里是"纯净原生态"、"北部湾沿海少见的胜景"。

　　秋分时节，早上，漫步海滩，只见朝霞渲染了整个海面和天空，恍若罩上了一层圣洁的光辉，天地大海间即将迸发出浩然的激情；一阵清爽海风带来了"啁啾、啁啾"声，抬眼寻声，只见一行白鸥在纯净的蓝天白云之间翱翔，声声的鸣叫似乎是在欢迎人们的到来。碧海蓝天下清澈的海水伴着一层层细细浪花，清新迷人。远处，不时可以看到设网围鱼捕蟹的渔民在赶海。他们悠然自得地趟着海水，趟出一篓篓的鱼和蟹。在靠近海岸这边的滩涂上，扒车螺的渔家姑娘戴着防风防晒的斗笠、头巾，穿着能免遭贝克类动物刮刺的长袖套、长裤套。海风吹拂着她们的衣袂，笑意荡漾在她们的脸庞上，在阳光、沙滩、红树林的映衬中，赶海的辛劳竟然也变得如此的温馨。傍晚，海滩上一切静悄悄，五彩的万丈霞光折射在滩涂的水面上，和满载而归的渔民一起构成一幅美丽照片。成群结队的沙蟹正在享受着夕阳下的金色时光，这片咸淡水交汇的地方是海豚、弹跳鱼、沙蟹、青蟹还有各种鱼类等海上生物的美好家园。夜宿沙督吊脚楼，不仅可以朝看日出暮观落日，还可以吹海风、听海涛、观海潮、戏海豚、看海鸥、挖海螺、挖沙虫、抓沙蟹。

◉ 沙督岛金黄色的沙滩

广西海湾大蚝浮筏吊养奇观

　　大蚝是极富营养的海鲜，人们餐桌上的美味。据说蚝肉含有多种维生素以及烟酸、碳水化合物和钙、锌、铁、碘等多种营养成分，其中蛋白质含量高达45%～56%、脂肪7%～16%、肝糖19%～38%，钙的含量接近牛奶1倍，铁的含量是牛奶的21倍；具有益智健脑、降脂减肥、滋养身体之功效。这让人对大蚝产生了一种强烈的食欲和好奇心，除了食用也想一睹大蚝的养殖。

⊙ 连片的蚝排

　　广西沿海是我国大蚝重要的产区，钦州市是大蚝苗种的主要供应地，全国近70%的蚝苗产自钦州茅尾海，获得中国农产品地理标志登记，有"中国大蚝之乡"之称。大蚝由依附在岩礁石头上自由生长，到从最初滩涂的石条、竹片插滩养殖，向近岸浅海的球式片状、水泥串沉桩吊养、浮筏吊养等发展，大蚝养殖模式不断创新，养殖密度、产量不断提高。

　　广西沿海众多河流进入北部湾形成得天独厚的咸淡水资源，为大蚝养殖发展提供了绝佳的自然环境。当你漫步在广西海岸边，到处可见连片的蚝苗培育和大蚝养殖基地。近年来，广西沿海大蚝养殖向基地化、规模化、标准化方向发展，在钦州、防城形成了多个标准化连片万亩的大蚝养殖基地。在钦州，以龙门七十二泾海域为中心就有连片万亩大蚝养殖基地5个、标准化大蚝吊养基地15个、国家农业部大蚝浮筏生态养殖示范区1个。"龙门七十二泾海域大蚝浮筏生态养殖示范区"还是农业部首批授予的"水产健康养殖示范区"。示范带动了浮筏大蚝养殖，在钦州大风江、钦州港、龙门港等海面上，曾漂浮着多达15万亩的蚝排。一个个100多米长、70米宽的养蚝大排，密密麻麻地排列形成了海上一道奇观。

⊙ 万亩蚝排

　　这种奇观的形成也给人们带来了深思，促进了大蚝养殖的创新。鉴于近岸海域养殖密度不断增大，水域承受力超负荷，既对大蚝养殖的品质产生了影响，也给海水养殖埋下了疫情交叉感染的隐患。现在养蚝人引进和推广深海离岸养殖技术，创新了大蚝养殖模式，从近岸养殖移向

深海，拓展了资源利用空间，既缩短了大蚝养殖周期，又提高了大蚝的品质。不断创新的大蚝养殖，将给人们带来更多的奇观乃至奇迹。

⊙ 茅尾海上的蚝排

⊙ 收获的季节

如画景色的金滩

在我国大陆海岸线的最西南端，有一片宽阔坦荡，长15千米，因沙质细柔金黄而享有"金滩"美誉的海滩。金滩位于东兴市的京族三岛——万尾岛、巫头岛和山心岛，它以优美迷人的风景和独特的京族民族风情，吸引全国各地成千上万的游客而遐迩闻名。岛上草木繁茂，四季常绿；海滩沙细、浪平、坡缓、无污染；海水清澈、温暖、无鲨鱼。绿岛、长滩、碧海、阳光，鹤鸣鸥舞，构成了一幅海天间温馨祥和如诗如画的景色。

⊙ 金滩朝霞

站在这金色的沙滩上，沐浴在明媚的阳光中，轻风徐徐，海浪漫卷，面对温馨的海水，你会经不起大海的诱惑，毫不犹豫地冲进它的怀抱，热烈地拥抱大自然。怪不得人们常说，到了美丽诱人的海滩，就没有矜持的女人和怯懦的男人了。退潮后的金滩如熨抹过的金色缎布，站在这柔软的缎布上，可以尽情的跳跃、玩耍、嬉戏；潮纹隐现湿漉漉的十里沙滩上，各种各样的海滩小动物纷纷"露面"，还可以追逐海滩上那俗称"沙马"的小风蟹。因"沙马"跑得极快，穴居的洞又曲来弯去，追不上，它钻到洞后，挖几下就不知洞道所向。因此，在金滩追捕"沙马"成为了游人们一项极有趣的沙滩运动。

⊙ 金滩浴场

在金滩，不仅宜于玩海，还可以观光、领略风情。

远处，水天一色，舟帆点点，大可赋诗入画；隔着蔚蓝色的海水遥望，西南方向水天一色的越南又是一番光景。

近处，古老的捕鱼方式可以让你一饱眼福，参与体验更是别有一番情趣。每天当地渔民组成拉网队伍，扛着大网，拿着缆绳，用船把上千米长的渔网撒到大海里，围住一片海，然后大家和着海浪的节拍，有时还喊着口令，有节奏地用力把大网往回拉。饶有兴趣的游客可以加入到拉大网的队伍中，去体验这富有情趣的渔民劳作。拉网人多时，队伍显得浩浩荡荡，场面恢宏壮观。那些体验者拉着大网就像与大海拔河，步子趔趔趔趔，远远看去犹如在翩翩起舞，煞是好看。游人有时还可以见到头戴金色葵叶帽、身穿彩衣的京族妇女挥动铁锹挖沙虫的情景：只见她们看准位置后，飞快地将铁锹一插一翻，一气呵成便把沙虫挖出来，动作十分利索，令人目不暇接；还有高跷捕鱼者，扛着高高的网捞，在海滩上留下长长的背影……

⊙ 京族渔民踩高跷捕鱼

在金滩，适时还可以看到京族青年男女，舒心地在金滩上踢沙传情；听到海岸树林中轻盈地逸出的独弦琴天籁之声；逢上京族佳节，海滩上展示的独特的京族民族风情，更是令人流连忘返、乐不思蜀。

金滩的岸边，是长达数十里的环岛大堤，沿堤绿树成荫，鹤鸟翔集，漫步林中，清爽宜人。优美迷人的风景和独特的京族风情与古老的传统，构成了金滩一道独特的人文景观。

白浪黑沙的大平坡

在广西沿海有银滩、金滩，还有黑沙滩，也就是人们常说的白浪滩。这片海滩沙质细软，富含钛矿而泛黑色，在沙滩上不断翻滚而来的排排白浪，溅起的浪花好像在彩色的地毯上翩翩起舞。站在这片海滩上，你不但可以观赏海天一色的大自然天象，还可以融入到白浪黑沙的海洋自然奇观。这片海滩就是位于江山半岛月亮湾西南侧6千米处，宽广而平坦的大平坡。

⊙ 防城港大平坡的"黑沙"

大平坡名副其实又大又平。怪不得有人说，不到大平坡，不知海滩有多宽。广西沿海多为台地丘陵，与大平坡海滩相接的海岸是一片茫茫的草原，林带相隔其间，大平坡平原的延伸，一马平川，宽1～2.8千米，长6千米。这一大片只高出海面少许的偌大海滩，坦荡如坻，形成海上有滩，滩边有海的景观；远望烟水朦朦，分不清哪里是海，哪里是沙滩。大平坡海滩之平，即使风吹起浪时，海面白浪翻滚，汹涌澎湃，

海浪高高掀起，浪峰与人齐高，浪谷的水却只在人腿之下；人们依然可以于狂潮之中戏水，嬉戏博击，随心所欲。满潮风平浪静时，成人从岸边往纵深走五六百米，水深也仅仅至胸颈处。尽管海滩泛黑，但黑色的钛矿比重大，既不可能溶入海水，又不可能浮在水中，海水还是清的，你大可不必担心身子搞黑了，可谓是天然的海滨大浴场。纵有数千游客集体畅游，也只占滩面的一隅。

⊙ 防城港大平坡的"白浪"

大平坡不仅仅是天然的浴场，而且还是休闲娱乐和体育运动的理想海滩。在海面上，可以开展冲浪、摩托艇和帆船运动。当潮水退去，可以在海滩上进行沙滩足球、排球等大型项目活动，以及人数众多的群体性休闲娱乐活动。

站大平坡海滩上，眺望那天与海的交接处，成群的海鸥不时在海面上、浪花中掠来掠去；回眸岸边的高大粗壮的木麻黄树林，"飒飒"作响，好像召唤着人们到这里相聚；极目那远处的红树林，成群的白鹭盘旋在树簇中，自由自在地飞翔。这些在你的眼前，展示了大平坡的自然魅力。

白浪黑沙的大平坡是值得你放飞心情的好去处。听说这里将要成为中国对接东盟各国的一块热土，但愿大平坡这优越的自然环境和宁静优雅的风光，不要为明天的到来所改变，让它的美永远是那么的质朴。

万鹤山人鸟和谐奇观

在（防城港市防城区鲤鱼江村，许家村屋背岭上）东兴江平镇巫头岛南面，南临天鹅湾，西接榕树头的小山林，居住着一户姓陈的农家，故也叫陈屋山；但更为人们熟知的是"万鹤山"此称。山上树种繁多，珍稀植物杂居其中，树木葱笼，野趣浓郁；水洼散布山间，草长及膝，四周林带围绕，造就了白鹤苍鹭生长的理想环境。数万只白鹤苍鹭就在此生息繁衍，当地人把鹭鸟称为鹤，"万鹤山"就因此得名。

⊙ 万鹤山远眺

站在万鹤山下远眺静观，但见郁郁葱葱的原始森林中，白鹤翔集，三五成群的各种鹤鹭在林间休憩，或在树梢翩趾，或在枝头鸣叫，鹤声袅袅，倩影翩翩……好似诗中美景，一幅绝妙无比的画面。步入万鹤山中，可见绿茵茵的草地上、葱笼的树林中，成群结队的鹤鸟时而伫立，时而硬步，时而引颈长鸣，时而低头觅食；或翩翩起舞，或迈步走向游人舒展身姿，似向游客讨好与人交流，千姿百态蔚为壮观！

而清晨和傍晚观赏鹤鸟又是另一番情景。清晨，你可看到白鹤开始活动，在翠绿丛中舒展翅膀，炫耀着自己的清白，展示自己的高贵美丽。当万鹤四处飞出，徐徐升腾，犹如幅幅羽绒，似白云遮盖。傍晚，万鹤归巢的壮景更令人陶醉，一群群鹤鸟由远而近，慢慢汇集于万鹤山，展翅滑翔或飞或舞；鹤声袅袅，不绝如缕，交汇成千腔万调的共鸣；让人赞叹不止！

⊙ 展翅飞舞的白鹤

然而，万鹤山最为神奇的是——这些鹤能听一位老人的指挥。当这位老人双手举过头顶，一边击打出"啪啪啪"的掌声，一边"噢噢噢"地吆喝。顿时万鹤起翅从四处飞出，铺天盖地而来。随着老人的手势，群鹤时而成片，时而成线，时而盘旋，时而滑翔，时而下沉，时而升腾，同时还发出"哦哦哟哟"的叫声，像是在随着老人的指挥，翩翩起舞，引吭歌唱。这位就是长期与鹤群厮守并呵护着这些小生命的许强邦老人。当然，鹤只听从这位老人熟悉的声音，生疏的人无论如何去吆喝、怎样去指挥鹤都毫不理会。

然而，万鹤山的奇观，并非古以有之。因为许强帮老人把鹤视同自己的儿女一般对待，并晓喻子孙，白鹤乃吉祥之物，不得伤害。陈家

子孙则严守家训，从不伤害白鹤，并对伤病之鹤精心照料，愈瘥后放归山林。久而久之，鹤鸟与陈其振及其家人已是人鸟无间，和谐相处，才创造了现在的万鹤奇观。

⊙ 小女孩和妈妈在护理受伤的白鹭

⊙ 老人在照看受伤的白鹭

箖山古渔村的传说和大潮

　　箖山古渔村是一个幽林、古堡、碧海与神奇的传说联系在一起的自然村。传说远古时期这里叫鹿山，因鹿多而得名。这里环境幽静，风景迷人，海埠鱼虾蟹多，适宜居住。鹿山始祖常熙公，来鹿山做海，因生活所需，常出入山里，发现一种春季开淡红色花，夏季开紫色花，秋季开黄色花，冬季开白色花，四季颜色不同，名叫箖花的植物。老人好奇地摘了些花叶来挫，觉得叶汁有香甜味，老人就摘来放在嘴里慢咽，发现无毒且觉得身体舒服，后来还发觉树根的根汁更香更甜，于是闲暇时就摘来嚼食，还摘了许多带回家备用。由于长期服食箖花的叶根，不仅老人的心气痛好了，就连老人夫人的妇科病也痊愈了，俩老认为这棵箖花是棵珍贵的药树。消息传开后，周围的村民明偷暗抢似的争着来采摘，久而久之，这棵箖花不但死了，连周围的箖笛竹也未能幸免。为纪念这棵珍贵的药树、奇特的箖花，老人一家商量，把鹿山改为了箖山，也就有了箖山古渔村。而今，箖山古渔村还保存着一片古树参天的滨海原生态森林。林中古榕树形态别致，姿如蛟

▶ 箖山古渔村的景观

龙；车辕树气势磅礴，直耸云天；上千年的银叶榕苍劲、葱郁。还有奇异攀生、姿态各异等品种繁多的奇树。

⊙ 箬山古渔村的景观

　　箬山古渔村有奇异的传说，更有令人惊叹的大潮。箬山古渔村面向西南大海，海面宽阔一望无际。每年自5月下旬开始，西南季节风生成并越来越大，风夹抱起海水以千钧之力砸向箬山古渔村的岸边，气势磅礴的海浪，怒吼咆哮拍岸而起，冲过树梢，飚向苍穹，击打石岸古堤，响声如雷。其场面之壮观，令人叹为观止。箬山古渔村大潮不但有看头，而且潮期

⊙ 大潮涌动

长，能让人看个够。每年5～10月均有大潮可观，最佳月份乃5、6、7、8月；且每个月有两个为期5天左右的大潮期，可观大潮时间之长是少有的。

更为难得的是，簕山古渔村以大潮为背景，以"古"韵味、"渔"文化、"纯"民俗为重点，推出了包括场景观潮、与浪共舞、拜社祭海、渔家婚俗、文艺表演等内容丰富的观潮节活动，展示簕山古渔村民众的勤劳勇敢、纯朴快乐的渔家风情。簕山古渔村观潮节也因此在第二届中国节庆创新论坛中荣获"中国最佳自然生态旅游节"称号。

⊙ 惊涛拍岸

独特的京族三岛风光风情

在中国与越南交界处、美丽的南海北部湾上，有一块"冬季草不枯，非春也开花，季季鱼泛鳞，果实满枝丫"的宝地——广西东兴市江平镇的京族三岛（巫头、万尾、山心）。因为围海造田和筑堤引水，现已与大陆相连，海岛变成了半岛。

京族三岛是京族唯一的聚居地。环绕三岛长达13千米的海滨沙滩宽10～20米不等，沙质细软金黄，被誉为"金滩"；海水洁净碧蓝，浅水区宽阔平坦，白日风平浪静，渔舟点点，晚间潮涨浪涌，波涛阵阵，是不可多得的海滨浴场。海洋、沙滩、树林、鹤群与纯朴热情的京族人民，优异的自然与人文环境交融，呈现出独特的风光风情。

⊙ 京族耙螺

京族三岛没有遐想中云蒸霞蔚的神秘。这里的海，是极目可望的一湾避风、辽阔而湛蓝的浅海，在江山半岛和印支半岛越南北段的拥护中，显得温暖、平和而静谧，即使风起潮涌的时候也波澜不惊。这里的沙滩，金黄洁净，宽阔平缓，柔软而富有弹性；这里没有山丘，没有溪流，沙地上却顽强地生长着茂密的植被——苍翠而挺拔如青纱帐一般的是木麻黄林木；色彩斑驳似原始丛林的是老藤、荆棘、古榕和其他灌木；还有林带交替间成洼的湿地里一浪浪碧绿的水草和一波波挨挤的莲蓬；快活的海鸟，成群的白鹭，在蓝天碧海间翱翔，在滩涂湿地里觅食，在草坪、牛背上自由安详地彳亍，在京族民居和林木上筑巢、栖息和繁衍；赋予了三岛无限的生机，造化了三岛如诗如画的意境，人与自然和谐相处的景象。

⊙ 京族三岛渔民拉大网捕鱼

　　与滨海风光相交融，京族三岛的风情也是独特、浓郁而迷人的。在这里，游客只需就近到林阴里或海堤边的大排档，就可以品尝到用京族人的话来说是"从海里跳到锅里"的生猛海鲜。在这里，游客欣然看到京族人进行的各种欢畅怡然的渔事活动：或理网修船、或出海捕捞、或加工海蜇、或卸鱼交易、或拉大网、踩高跷捕鱼等等。在这里小住，倘若机会凑巧或有京族大佬安排，还可以观赏到京族哈哥哈妹唱歌、弹独

弦琴等各种活动，领略京族的风土人情。

⊙ 京族歌手与瑶族歌手对歌

⊙ 哈妹在哈亭跳敬香舞

　　京族三岛的儿女风情，在广西作家张化声的笔下，是那么的具有诗情画意：在惊涛骇浪中强悍无畏的京家儿女，踏歌滩头月下，竟是那般地委婉温柔！他们以各种独特的含蓄方式，巧妙地表达自己的纯真情爱，倾吐难以言传的海誓山盟；他们以用赤脚"踢沙"的挑逗，示意钟情的好感；以嵌在葵笠上的明镜，折射初恋的秋波；以"抛彩贝"的联络暗号，密约热恋的幽会；以"对花屐"的习俗，择定终身的伴侣；以浸泡红豆的油灯，寄托离别的相思；以"跳竹竿"的狂欢，畅抒携手人生的青春炽情。

蝴蝶岛的美景与传说

在广西防城港市企沙半岛南边天堂滩的西头，有一座名叫蝴蝶岭的小岛。乘船从南边看，海岛好像一只展翅欲飞的绿色大蝴蝶。蝴蝶岭位于天堂滩与玉石滩交接处，有沙坝与陆地相连，涨潮时成为海岛，故叫蝴蝶岛。

蝴蝶岛上鲁古树影婆娑，林木葱葱；沿岛沙滩平缓，波平浪静，沙子银白洁净，海水清澈透底。这里的景色没有人工的造作，一派天然热带风光，人们站在岛上倾听涛声，遥看渔帆，眺望远处鸣笛的海轮，半挂海上的落日，绚丽的彩霞，尽情地在海边戏水、玩耍，别有一番情趣。

⊙ 蝴蝶岛远景

原生态的蝴蝶岛不仅美丽，还有一个神奇的传说。很久很久以前，世代深居十万大山的蝴蝶国王，听说大海景色壮美，为了见识天下之大、大海之美，力排众议，不怕路途遥远，不惧大海风浪变化无测，毅然带领文武百官，朝山那边的大海飞去。他们飞出大山，飞过田野，飞了三天三夜。在第四天，当彤红的太阳从海天相接的地方冉冉升起的时候，他们终于飞到一个海滩。只见朝霞洒落下来，海面上金光点点，沙滩上贝壳五光十色。这碧海长滩，蓝天白云，无边无际的大海，让蝴蝶

国王及众臣们心旷神怡。此情此景令蝴蝶国王大为感慨："如此景色实乃天堂也，吾等不虚此行！"蝴蝶们尽情地嬉戏玩耍，忘记了旅途疲倦，不知不觉就到了晌午。这时海面上骤然狂风大作，汹涌的海浪拍打着海岸，蝴蝶们哪里见过如此风浪，顿时乱作一团，纷纷趴在海滩上。国王见状急忙让蝴蝶们躲到其身后，用自己的身躯为蝴蝶们遮挡风浪，可是风浪越来越大，眼看蝴蝶们随时有被卷进大海的危险。爱民如子的国王心想，这里如果是一座山，我们就安全了。随即仰天长叹："老天爷，救救朕的子民吧！"此话一出，刹那间国王不见了，一座蝴蝶形状的山却凸现了。这时风停了，浪也静了，蝴蝶们得救了。蝴蝶们知道，是国王献出自己换取了他们的生命，他们久久地跪在山上呼唤着大王。地上传来他们熟悉亲切的声音："你们走吧，朕要留在这里，让人们有个避风的地方。"蝴蝶们含着眼泪依依不舍地离开了天堂滩，离开了自己的国王。此后，每年春天，岛上稔子树花开时，就有一群群的蝴蝶在稔子树丛中翩翩起舞，也许这就是来此看望他们老国王的蝴蝶王国的子民。

正是因为有蝴蝶岛的庇护，人们才能在这里悠然自得地观光、游玩，野外露营、旅游度假，与大海、大自然无阻隔的亲近。

⊙ 防城港市蝴蝶岛风光

城市
海洋景观篇

⊙ 钦州港区新貌

中西融合的北海珠海路老街

当你漫步在北海珠海路，游览这条历经沧桑的百年老街，那些揉合了浓郁的西洋风情和岭南特色等中西建筑艺术风格的百年老建筑，会让你不禁回想起它昔日的美丽和曾有过的辉煌。珠海路中西合璧的建筑群是外来文化从海上最早进入广西的产物和历史见证，体现了北海开埠后西方文化对北海的深刻影响，隐含着一部帝国主义侵略中国的历史。

珠海路始建于1883年，原来只是一条窄小的传统商业街。光绪二年（1876年），中英《烟台条约》签订，北海被定为对外通商口岸后，英国首先在这条街上租用民房建立领事馆，随后，法国、德国等也纷纷在此路设立领事馆。1883年，外国人掌控的北

⊙ 北海老街

海海关建于此街的东端，中外商人纷纷集中于此经商，珠海路一度发展为北海最繁华的商业街区。1927年珠海路扩建，扩建后街道两旁的民居，受英法德等国在北海建造的领事馆等西方建筑和殖民文化的影响，建成券廊式相连、带欧式风格的中西合璧的骑楼式房子，即骑楼的廊柱及券拱窗等具有西洋建筑风格，顶部则带有中国民间特色的各式浮雕。

这些带有西洋风情和岭南特色的骑楼挨户相连，绵延长1.44千米，颇为壮观。沿街望去，摇曳多姿的女儿墙，细腻精雕的山花与窗拱券，宛如建筑艺术长廊；浑厚古朴的青砖石板路，透显出老城的沧桑凝重。经过半个多世纪的文化融合，珠海路成为东西方文化碰撞的一个美丽结晶，而被誉为鲜活的"近现代建筑年鉴"。

现代多元文化的北海，以融入较浓厚西洋建筑文化的"凯帝大酒店"、"夜巴黎"为代表的建筑，成为了多姿多彩城市建设风格的一个优美组合，构成了北海滨海城市新貌的一部分。

⊙ 北海老街

珠海路老街作为近代北海通商口岸深受西方文化影响的实物见证，它不仅对研究北海近代史有着不可替代的作用；还可将厚重的文化积淀转化为打造北海历史文化名城的社会动力，带动北海旅游发展的经济活力，促进北海的经济和文化建设。2011年北海市政府为有效传承老街深厚的文化底蕴和丰富的历史遗存，实施了珠海路立面修复保护改造工程项目。随着珠海路老街的修复和保护工作的完工，其丰富的历史内涵与北海美丽的自然风光相益映，将焕发出时代的青春而成为北海的旅游品牌。

广西最早的海关与邮政局历史印记

  北海是我国最早对外开放的海上通商口岸之一。1877年清政府设立北海海关。与北海海关相伴而生的，还有附设于其的"海关寄信局"，后转为国家开办的"大清邮政北海分局"。

  然而，清政府设立的北海海关却被老百姓称为"洋关"。因为，海关虽是清政府所设，却被帝国主义控制。从海关设立至民国30年（1941年），历任正副税务司、海关帮办、监督长及港务总巡等要职的全是英、法、德、挪威等国人；据统计，从1887年至1936年所收入的900多万两银关税，全被作为不平等条约赔款。由于海关大权操纵在洋人手里，北海海关变成了殖民主义者掠夺中国财富、损害中国人民利益的工具。北海海关业务管理只限于监管检查中国民船及其所载货物，而对外国籍船舶及其所载货物则不予监管检查；更为恶劣的是，北海关还把鸦片改称"洋药"，鸦片进口时开给税单，使之输入合法化，运往内地受到保护。鸦片严重毒害了中国人民，损失中国财政。北海海关是广西最早建立的海关。它是旧中国关税主权外丧的物证，见证了中国半殖民地半封建社会时期，殖民主义者控制中国的屈辱史。

  在北海海关附设的"海关寄信局"，则是1887年英国在北海设立领事馆并控制海关后，为办理外国使馆官员、外交使节以及眷属的信函、包裹等业务的需要。清政府委托海关总税务司英人赫德，经过历时30年的海关兼办邮递和试办邮政，1896年3月，清政府正式批准成立大清邮政。翌年，北海"海关寄信局"转为清政府开办的邮政，更名为"大清邮政北海分局"，成为我国最早开办的邮政分局之一。1903年至1910年，"大清邮政北海分局"作为北海邮界总局办公场所，管辖粤西、桂南等地区的邮政分局和邮政代办所，是当时全国35个邮界总局之一。解放后称为"北海东街邮电所"。"大清邮政北海分局"是不可多得、具有历史价值的邮电文物，广西尚存历史最长、建设最早、保存较完整的邮政局。

北海海关旧址和"大清邮政北海分局"是我国对外开放、海上通商文化的一部分，是广西对外开放的文化遗产和载体。先后被国务院确定为全国重点文物保护单位。

⊙ 1877年清政府设立北海海关大楼

⊙ 1896年建立的大清邮政北海分局

别有情趣的北海外沙海鲜岛

来到北海，人们都想去外沙岛一游。在外沙岛，你不但会为异国建筑所惊叹，更让海鲜美食文化所吸引。

北海外沙岛是一个面积约450亩的长条形小沙岛，只有一座桥梁与市区相通。外沙岛何时形成已不可考，但它能成为"异国建筑群"中的海鲜岛，值得一提。在中国改革开放前，外沙岛的"疍家人"，以不同于"陆上人"的方法烹制自家从海里捕捞的鱼虾蟹螺，悠闲地过日子。改革开放后，"疍家人"的商品意识被唤醒。居住在岛东侧尖沙咀的一户"疍家人"，率先利用自家的"疍家棚"，开办了岛上第一家海鲜大排档，用"疍家人"的方法烹制自家捕捞的生猛海鲜，平价卖给那些上不起高档餐馆的海鲜瘾者。生意出奇地火爆起来，所赚的钱比生卖海鲜要多得多。岛上的居民纷纷效仿，海鲜大排档如同雨后春笋般发展起来。他们万万没有想到，这些家常便饭推上市场，会改变外沙岛的面貌。

⊙ 位于北海外沙的疍家棚（酒店）

随着北海"大开发、大建设"热潮的不断升温，外沙岛上的海鲜大排档不断发展，形成了以"疍家"海鲜美食为特色的大排档街，甚至有许多"陆上人"也到此地开起海鲜大排档。食客逐步由本地人变成从全国各地来的游客。食客们在简陋的大排档里，足踩着洁白如银的沙滩，眺望海天一线的灿烂晚霞，听着海潮拍打大堤的声音，任凭海风吹拂，品尝味道鲜美的海产品，自有一番情趣。一间间生意兴隆的海鲜大排档，使外沙岛成了北海市的独特景观，外沙岛逐步扬名。到20世纪90年代末期，简陋的大排档已不能满足北海城市发展和游客的需要，北海市政府便对外沙岛海鲜大排档进行统一规划建设。开辟了宽阔的停车场，盖起了两层楼的设有卡座、带空调和包厢的新式海鲜大棚，营造起"疍家"风情和渔家文化，有的大排档还请来演员为食客表演渔家风情歌舞以助食性。形成了玩在银滩，吃在外沙的北海旅游新格局。

进入21世纪后，北海市在对银滩进行重新规划改造的同时，也对外沙岛的功能进行了扩大升级，以体现"还海于人"和"把海鲜美食文化张扬到极致"的理念。经过改造的外沙岛，在延续和发扬原有大排档风格的基础上，充分整合外沙岛的观海、渔港、美食和"疍家"风情的优势，成为远近闻名的海鲜集散地和最负盛誉的海鲜餐饮文化区。而今，外沙海鲜岛有本土特色

⊙ 北海外沙海鲜岛

餐厅区和印度尼西亚、新加坡、越南等国主题餐厅区，活海鲜市场区、干海货市场区、元气公园和水上娱乐活动区9大功能区。建筑物既有南亚风格，又有欧式风格。当你漫步在具有东南亚国家风情的商业步行街，在各种主题酒楼餐厅品尝海鲜时，你不仅能体验到北海的"疍家"风情，还能感受到风格迥异的异域文化。

"观海听潮品海鲜，采珠拾贝购海味"的北海旅游奇葩正越开越艳丽。

北海园博园的海洋主题奇景

在北海，有一个精彩纷呈、特色浓郁的园博园。置身于园中，人们不仅可以领略到广西各民族的文化、园林建筑的精华和园林园艺，还可以观赏到反映北海滨海城市主题的城市景观。其中最令人耳目一新的是"海之贝"、"海之花"、"海之珠"构成的"三海呼应"，以及"双塔遥望"和"扬帆起航"等景观。

⊙ 园博园大门

"三海呼应"即"海之贝"、"海之花"和"海之珠"三大主体建筑互相呼应。"海之贝"是整个园博园的主场馆、标志性的建筑，源自北海珍珠母贝的造型。其造型独特，引人注目，让人一目了然。它以现代造园手法融合海洋元素和北海人文元素，突出了"南珠"产地，自然而然地使人们加深"南珠"的印象。

⊙ "海之贝"

"海之花"的设

计源自海胆的造型，是一个供文艺演出的演艺岛，在这里经常演出的剧

目是大型历史舞剧
《碧海丝路》。人们
既可从中游览观赏
园林艺术，又能欣
赏到文学艺术
精品。

⊙"海之花"

"海之珠"是园
博园中的又一独特
景观。园博园中轴
线的主干道设计成
船形，其终点是一
个船头形状的广场，"海之珠"则是"船头"（广场）上的圆珠。

"双塔遥望"位于园博园中轴线船形的主干道上，"船头"的前方
是一片寓意为海洋的水域，"船"的两侧即各有一座互相遥望的航海灯
塔，寓意北海作为"海上丝绸之路始发港"，沿着海上丝绸之路不断
前进。

⊙"海之珠"（在船头上）

"扬帆起航"是指主
干道的起点园区大门处
的8个风帆，营造一种乘
风破浪的空间。人们一
来到园博园，就仿佛感
觉到自己与北海这座城
市一起乘风破浪，迎接
美好的未来。

北海园博园的景观所具有的海洋元素，融合了北海的人文特色、历
史和文化要素，充分展现了海洋特色文化，给人展现了一幅幅人与自然
的和谐画面，诠释了北海的"国家园林城市"及"生态宜居城市"的
内涵。

海洋生物课堂
——北海海底世界

　　海洋里蕴藏着众多的秘密，对于大多数人来说是一个未知的世界。如果你想了解大海深处的奥秘，亲近海洋，请到北海来吧！当你站在海边，眺望浩瀚的大海，走进奇妙多彩的"北海海底世界"，你便走进了一个博大的海洋生物课堂，漫游于在海洋世界

⊙ 北海海底世界正门

中，感受海洋的神奇，体验大海与人之间亲密无间的关系。

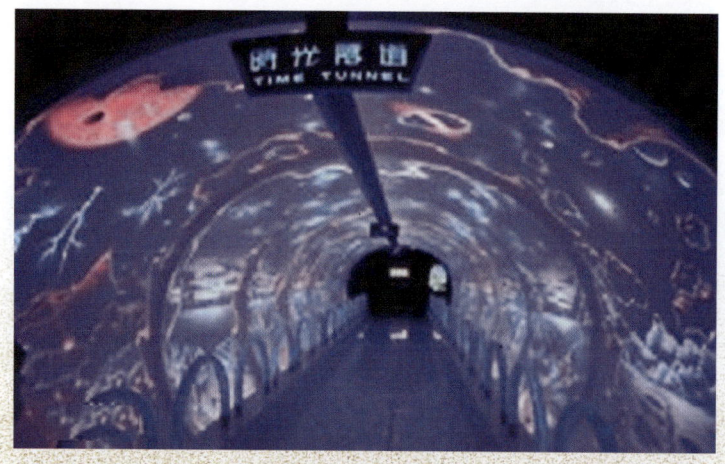

⊙ 北海海底世界时光隧道

⊙ 海龟表演

⊙ 北海海底世界美人鱼表演

　　"北海海底世界"坐落在北海海滨公园内，是集观赏、旅游、海洋科普教育为一体，以展示海洋生物为主的大型综合性海洋馆和海底观光景区。"北海海底世界"以生物的进化为线索布置陈设展示，分为A、B两区。A区为热带珊瑚鱼和标本区，主要有珊瑚生态区、海底失落城、玛雅山岗、亚马逊科普区、世界大观、中华水世界、鳄鱼池、海龟岛、南中国海珍稀标本馆等展区。B区为海洋生物和表演区，主要有压克力大圆柱鱼池、360度全方位透视的海底隧道、吴哥雨林、水晶宫，

魔鬼鱼表演区和北部湾原生态海岸等。展示的主要有重达一万五千公斤的鲸鱼骨骼；素有美人鱼之称的儒艮标本；龙虾、海龟等海洋动植物标本；来自太平洋和印度洋的亚热带五百多种珍奇鱼类；以及近千种的海洋生物。

⊙ 北海海底世界珊瑚礁鱼争彩斗艳

畅祥于"北海海底世界"里，透过海底隧道区内大型海底观赏屏幕，你可以观看到水中演绎的优美的"人鱼传说"、潜水小姐与鲨共舞的曼妙奇观、重装潜水表演、隆重的海底婚礼等精彩节目表演；漫步百米海底隧道，你会发现沉没的印加帝国古城、古代海上丝绸之路的瓷器、第二次世界大战的沉船、正在熊熊喷发的海底火山、争彩斗艳的亚热带鱼……让人叹为观止；丰富的海洋生物展品，让人增长知识；这里精彩刺激的表演，令人大开眼界、流连忘返；人们不但可以享受到游览的愉悦，还可以感受到博大精深的海洋文化。

海洋知识文库
——北海海洋之窗

为了让人们了解海洋，学习海洋保护与开发的知识；对青少年进行海洋科普教育，激发他们探索海洋神奇奥秘，北海市建立了一座海洋知识文库"北海海洋之窗"。

"北海海洋之窗"坐落于北海湾之滨，是一座传播海洋科普知识，展示海洋资源、艺术与科技、科普与娱乐为一体的现代化综合性海洋博览馆。它由动感绚丽的活体珊瑚、丰蕴深厚的航海历史文化展

北海海洋之窗外观

览、高科技造景的无水水族馆、亚克力玻璃构筑的巨型圆缸景观、令人震撼的四面通透缸体隧道和先进逼真刺激的4D电影等展厅组成；运用声、光、电高新技术来展示海洋景观，通过神秘的大海、远古海洋、珊瑚海、梦幻海洋、海洋资源、海上丝绸之路、地理大发现、红树林生态区等16个主题，以鲜明的海洋特色、内容丰富的科普知识、形式多样的科普活动，传播海洋科技知识，把人们带进无限风光的海洋博览大观园，让人们在获得知识的同时享受娱乐的欢悦；激发青少年探索科幻奇

境和海洋奥秘的兴趣。

在"北海海洋之窗"，你可以了解到国内顶级活体珊瑚养殖技术，欣赏到神秘绚烂的活体珊瑚和300多种热带观赏鱼。甚至有人说，大多数渔民一辈子可能都不能见过如此壮观的珊瑚。你可以透过四面通透的

圆缸，欣赏人鲨共舞、奥运之风、美人鱼等精彩表演，体验人与自然的和谐共处。你还可以领略到由高科技营造的无水水族梦幻般的展现——缸里没有水，鱼却在畅游；你想摸却摸不着的鱼儿在你面前游来游去；你可以通过水族箱玻璃上的圆孔，把手伸进去与鱼儿亲密接触、玩耍。你可以看到世界上600多种，7000多枚多姿多彩、各种形态的珍稀贝类，中国四大名螺和国内绝无仅有的龙宫翁戎螺；与100多岁、重达300多斤的大海龟亲近。在这里，

⊙ 人鲨共舞

你还可以一边听着专业讲解员的介绍，一边尽情领略海洋的富有与神奇。

"北海海洋之窗"建立以来，以良好的设施，与地方学校共建实习教育基地，为学校提供学生实习、培训场所；为游客群众举办科普讲座，宣传推广海洋知识，利用多媒体、影视开展海洋科普模型及实践、体验活动，为中国海洋知识的教育和普及发挥了积极的作用，2010年，被中国科协评定命名为"全国科普教育基地"。

广西第一城雕
——南珠魂

在北海，北部湾广场是最具特色的城市广场，广场中，最引人注目的是被誉为"广西第一城雕"的"南珠魂"。"南珠魂"群雕是北海的城市标志。"南珠魂"的底座是直径30米的喷水池，池中竖立着钢筋水泥制成的三面一体的15米高的珍珠贝；三面张开的贝壳中间，镶嵌着一颗直径为1.4米的不锈钢"大珍珠"；水池里有三尊背向珠贝，分别面向东西南方向，高3.5米，代表老者、青年和少女的青铜雕像。

⊙ 大珍珠贝

"南珠魂"以水池、珠贝与性别、年龄不同的人作为素材来表现象征大海、珍珠和南珠之乡劳动者的深刻主题，塑像各具特色、各有寓意。

一个是骑着海马，长着胡子，手里将一只蚌高高举起的老者，脸

上显露出收获的喜悦，注视着前方，好像在招呼着远方客人，他象征着大海之父。

　　一个是精力旺盛、肌肉硕实、体魄健壮，一副阳刚气的青年，双膝跪在神龟上，劲气十足地吹着海螺，在正视着前方，好像是和着号角、乘着神龟走向深蓝，去探究海洋的奥秘。他象征着大海之子。

⊙ 持蚌的老者

⊙ 吹海螺的青年男子

⊙ 手捧夜明珠的姑娘

　　一个是背北向南的美丽的姑娘，手捧一颗夜明珠，优雅闲静地斜躺在一条大鱼上，好像刚从海底采珠归来，在静静地想着人与珠、珠与海、养珠与采珠那些事。她象征着珍珠神女。

　　每当暮霭降临，华灯齐上，"南珠魂"群雕的四周，彩灯光芒四射，大放异光。珠贝中的大珍珠银辉闪烁，水池里喷射出晶莹透明的水柱，雄浑、壮观。"南珠魂"雕像塑造了现代化的城市广场形象，构筑了一幅人类与海洋、城市与自然的和谐情景。

北海南珠宫的珍宝奇观

北海南珠宫是珍珠的宫殿。自古以来，有"东珠不如西珠，西珠不如南珠"之说法，最美的南珠就藏在南珠宫。让我们一起去寻找南珠宫的珍宝吧。

⊙ 珍珠项链

南珠宫内，引无数看客艳羡惊叹的，首数那颗号称"镇家之宝"的"南珠王"珍珠，它重达3.6克，犹如葡萄般大小。据说，它是目前中国最大的天然海水珍珠，采自合浦的白龙珍珠池附近。曾有一巨富商客愿以一辆"奔驰"车来换，也有人出资10万美元想购买，都没有如愿。虽说它不是无价之宝，却也是十分难得之物，因为它作为中国目前最大的海水珍珠，独一无二。

南珠宫内，有气势恢宏的历史壁画"南珠春秋"。它生动地再现了当年采珠的兴盛，还有那如歌似怨的千古传说。当你站在壁画长卷前，犹如听到远古涛声依稀，看到人鱼公主泪花闪闪；在悠悠情思中，感慨"千年南珠史，千万珠民泪"，倍感南珠的来之不易。

南珠宫内，那罕见的巨型贝类与直观的现代珍珠养殖箱，掀开了南珠的神秘面纱。它告诉人们：珍珠既不是"闻雷而孕，望月而胎"的海中神物，也不是人鱼公主的眼泪变成的，而是由珠蚌产生的分泌物结成的。珠蚌在与海浪的抗争中执着地孕育着珍珠，每一颗珍珠的生成，都

伴随着珠蚌可贵而美丽的一生，凝聚着珠蚌的精华。

南珠宫里值得一看的，还有珍珠展销大厅那凝重皎洁、玲珑瑰丽的大小珍珠，晶莹润白的串串珠链；那用珍珠做成的异彩纷呈的耳坠、耳塞、手链、戒指、胸花、发夹等饰品。呈现给人们的南珠已不是达官贵人的专宠，而是百姓也可以买得起的送礼佳品、定情之物乃至日常装饰品。这些珍珠及其工艺品在深红色

⊙ 珠和贝

金丝绒的衬托下，发出温柔纯净的诱人光彩。这来自大海深处的神彩，吸引着人们去追逐南珠的绚丽，去探寻生生不息的南珠之魂。

⊙ 北海南珠宫

亚洲第一钢塑雕塑——"潮"

在广西沿海的海洋景观中，有一尊立于银滩旅游度假区海滩公园内的艺术品，它就是号称亚洲第一钢塑的北海银滩音乐喷泉雕塑——"潮"。巨型雕塑"潮"，以象征大明珠的球体和手执橄榄枝的七位少女为主体，用直径20米的不锈钢镂空制成，高23米；由5250个喷嘴环绕和3000盏水下彩灯组成人工音乐喷泉。每当夜幕降临，水池里的喷头随着音

⦿ 巨型雕塑——"潮"

乐的旋律节奏，从不同方位、不同角度喷射出一条条银色水柱，水下彩灯放射出五光十色的灯光，"大明珠"上手执橄榄枝的少女亦飞亦舞，宛若仙女起舞，婀娜多姿；水声、音乐声与变幻的激光彩灯交融一起，构成一幅无比绚丽的图景，迷煞万千游客；人身临其境，如人间琼台。整座建筑以大海、珍珠、潮水为背影，与钢球、喷泉、铜像遥相呼应，互相映衬，既显示出海的风彩，又构成潮水的韵律。让人们情不自禁地融入大海与音乐之中，使传统的人文精神与现代的雕塑艺术融为一体，呈现出人与大海温馨共处的场面。

以象征大明珠的球体和手执橄榄枝的少女为主体的音乐喷泉雕塑"潮"，通过其直观生动感性的表层，体现了其内涵丰富的人文精神。

它用大明珠与手执橄榄枝的少女组成的雕塑，象征和平同时也象征着生命圈、天空和大海；并向世人展示北海的风情文化内涵和南珠乡情；它不仅给人以赏心悦目的感受，更让人获得审美想象的空间和情感上的享受，感悟"形象背后的形象"，在观赏景观时，理解、向往、践行人海和谐共处。

精妙独特的古建筑
——大士阁

在合浦山口镇的永安村内，有一座目前中国距海岸线最近的古建筑——鼓楼，因其曾在阁楼上供奉观音大士，又称"大士阁"；因其结构和建造风格，俗称"四排楼"。它是明代海防要塞永安千户所城池内的建筑物。

◉ 大士阁

永安滨临北部湾海边，城池始建于永乐十年（1412年）。明初，我国东南沿海"岛寇倭夷，在在出没"，为防御倭寇，朝廷便在永安城建了"千户守御所";明成化五年（1469年）在城中央开始建造永安鼓楼，以便于防守嘹望。永安城成为南海军事重镇、海防要塞，大士阁则成了防备外来侵略的军事嘹望指挥所。后来，随着广西沿海军事指挥中心的转移，鼓楼逐渐失去军事作用，村民便在楼内供奉观音大士以祐福祉。清道光年间，永安城废圮。清道光六年（1826年）的《永安城重修大士阁碑记》已称永安鼓楼为大士阁。

⊙ 大士阁

大士阁建造可谓精妙独特。大士阁占地面积397平方米，坐北向南，分前后两阁，上下两层，两阁相连，中间无廊、无天井相隔；前座为高6.4米九檩的木构架，后座为高7.5米十一檩的木构架，全阁浑然一体。采用穿斗式与台梁式结合的木梁架，以榫卯连接各柱，无一钉一铁，全用坚硬的铁木组成完整的构架；其承重的36根铁木圆柱径为0.5米，柱脚不入土，支承在宝莲花石垫上；各柱之间用72根木梁（牵木）连结；屋檐有三级挑梁，每级用木垫子承托，各梁间也是用木垫子作支

承。全阁雕梁画栋，所有屋脊、飞檐和封檐板等处，均饰精美的雕塑或绘上各种形象生动的鸟、兽、花卉、神话人物，秀丽壮观。阁的建筑布局合理、协调，组成了优美稳固的统一体；阁的建筑手法保留了宋、元时期的遗风，具有浓厚的岭南特色。五百多年间，虽屡经地震与强风暴飓风袭击，仍安然屹立于海滨。清道光年间曾重修一次。新中国建国后也多次维修，使之亮丽如初。永安大士阁建筑艺术精湛，是北部湾地区古建筑中最杰出的代表，在建筑学上有一定的科学艺术研究价值，是研究我国古代南方建筑的重要实物。

永安大士阁能完整保存至今，既有其古代作为重要的军事重地的原因，又有其深藏于田野丘陵地带里，外人进入要经过长长的树林和荒野的缘故。大士阁被列为国家级重点文物保护单位。它周围的千年城皇庙和百年老树，见证了其沧桑和价值。阁前碑上镌刻的"永留芳春新景物，安得华国大文章"的永安村村民的藏头联，则让人观阁而浮想联翩。

富涵浓郁人文历史的海角亭

当人们说到意境意义上的"天涯海角"，总会想到海南三亚。因为在旅游业发展迅速发展的今天，"天涯海角"已成为海南和三亚的标志和代名词。然而，"天涯海角"之名却始于广西的廉州（合浦）与钦州（合称为"钦廉之地"）。苏东坡的诗说："廉州既称海之角，钦州旋说天之涯"，指的是合浦廉州有"海角亭"，钦州有"天涯亭"。"海角亭"是北宋景德年间（1004—1007年）修建的；"天涯亭"始建于北宋庆历年间（1041—1048年）。而海南岛三亚海滨巨石上的"天涯"两字是清雍正年间刻的，相邻巨石上的"海角"两字则是民国时期刻的。可见，"海角天涯"之名始于广西钦廉，比海南三亚早了七百多年。"海角亭"兀立于合浦廉州古城西南隅的江岸平川之上，以海角为名，是因为此地当年滨临大海，"在南海之角"。

⊙ 海角亭大门

⊙ 魁星楼

⊙ 位于合浦廉州中学内的海角亭与海门书院

　　"海角亭"富涵着浓郁的人文故事。该亭是为纪念东汉曾任合浦郡守孟尝而设，以缅怀孟尝革除弊端，为政清廉，"珠还合浦"的政绩。海角亭曾多次迁建，元朝延祐七年至至治二年重建；明、清两朝又几经重建、迁移。现址（廉州中学内）是在明朝隆庆年间迁定于此的，清朝

雍正十二年（1734年）重建。几经沧桑，1981年合浦县人民政府重修后，"海角亭"得以恢复原貌。

原来，海角亭所在之处为廉州江（西门江）出海口，涨潮时"百舸争流"。海角风光吸引了众多文人墨客来此饮酒赋诗。在亭内墙壁上，镶满了历代名仕对海角风光向往，抒发壮志情怀的碑刻。保存着一批具有重要历史和人文价值的元、明、清碑刻，主要有：元至至治二年（1322年）廉州路总管府达鲁花赤伯颜重建海角亭时撰文所立的《海

◉海角亭

角亭记》；同年海北海南道肃政廉访司范椁所作的《海角亭记》碑；清代陶浚的一笔书法"鹅"字碑，以及知府康基田所书碑刻。

如今，海角亭前濒西门江水，后靠天妃古庙，与清代廉州府海门书院魁星楼为邻。亭座西向东，呈正方形，四周有回廊；亭分前后两进，前后门相通，左右门窗对衬。第一进为门楼，正门上嵌"海天胜境"四个大字，两旁镶嵌"深恩施粤海，厚德纪莆田"的原天妃庙石刻匾对，两耳门分别刻有"澄月"、"啸风"字样。第二进为主体，是重檐歇山顶、砖木结构的亭阁。亭四周上下檐之间是花棂窗，上檐角卷翘草尾，下檐角四狮雄据；回廊刻有各种动植物图案和历史故事人物；中间设置博古图案；屋脊配置精致的雕塑。亭正面两条石柱上，凿刻有清道光年间陈司爝题写的"海角虽偏，山辉明媚；亭名可久，汉孟宋苏"对联，对联将合浦的地理风光、历史人物概括于海角亭中。亭内后门上方高悬着仿苏轼手迹"万里瞻天"匾（真迹于清代已佚）；亭正后竖立着清朝嘉庆年间所制作的石碑，上刻"古海角亭"。

在左右两株虬屈古榕与参天玉兰的掩映下，古朴清静的海角亭，能勾起人们更多的幽思。

珠乡合浦 "南方之珠" 雕塑

　　漫步合浦还珠广场，一个以贝壳、南珠、海浪和海豚为要素构成的大型雕塑会展现在眼前。那就是广场中央的 "南方之珠" 雕塑。

⊙ "南方之珠" 雕塑

　　合浦是南珠故郡，珠是合浦的魂。"南方之珠" 雕塑，高12米，用不锈钢锻造，主体造型取材于合浦的珍珠珠贝；以3个大圆圈以及交接而上的半球体来代表贝壳和海浪，以一个不锈钢圆球代表南珠，置于雕塑的顶端；通过指向东、南、西三个不同方向的三片珠贝（大圆圈），分别喻示珠城合浦东临广东湛江港、南接北海港、西靠钦州港，位于广西北部湾的 "金三角"；3个代表贝壳的大圆圈外侧是3只跃出海面的

海豚，指向同一个方向形成"捧珠"之势，生动地展现出雕塑的海文化气息。"南方之珠"三扇珠贝合围共托一颗明珠升腾造型，突出了广场"还珠"的主题，象征着珠乡合浦的开放、和谐与发展。"南方之珠"是一个以南珠为主题的雕塑，符号化的珠贝，有着鲜明的城市独特性，而成为人们认知珠乡合浦的标志。

"南方之珠"设计安装了一个由几组波形喷泉和涌泉组成的灯光喷泉，水下的彩色景观灯，夜下的"南方之珠"，在一片彩色的灯光中，四周喷泉如水幕，衬得雕塑上的珍珠如海上明珠升腾，照耀整个珠乡，极具视觉享受。

"南方之珠"雕塑，融入地方海洋文化，反映了合浦历史和文化的厚重和传承。古有廉吏合浦太守孟尝关心民生，改革前弊，废除盘剥，于是有了"珠还合浦"；如今，当地政府想人民之所想，改革开放，建设宜居合浦，于是便有"南方之珠"耀珠乡的美丽。

"白海豚之乡" 的海豚雕像

辽阔的钦州湾海域，阳光充足，水温适宜，浮游生物多，滩涂红树林茂密，是各种鱼类、贝类、鸟类繁殖生长的好地方。而最为引人注目的是这里还生长着被称为"海上大熊猫"的中华白海豚，钦州也因此被称为"白海豚之乡"。

⊙ 位于钦州市中心钦州湾广场的海豚雕像

中华白海豚被钦州人民视作吉祥、亲善的大使。为了体现"白海豚之乡"的城市特色，钦州人民在市中心和一些特定场所矗立起白海豚塑像。在钦州湾广场，一座银光光闪闪的中华白海豚雕像成为广场的地标。该雕像高15米，由一大一小两只海豚构成，其中一只海豚用其巧嘴顶起一颗明珠，象征着钦州就像一颗新兴的明珠；另一只小海豚躬着腰依偎着大海豚，表现了小海豚对大海豚的相随之情，造型别致。在三

娘湾国际海豚公园门口，则立起一座由三只彩色海豚雕像组成的标志性建筑，突出了该公园是以观赏中华白海豚为特色的4A级旅游景区。三只高高跃起的彩色海豚造型极富动感，似乎在欢迎游人们来到友好、自由和快乐的海豚之乡。在三娘湾海滩的礁石上，则有三只腾空而起的彩色海豚组成的雕像。三只彩色海豚欢跃腾飞，犹如要把客人带去海里玩耍，其造型简洁流畅优美。在钦州市行政中心广场"梦园"里，一座由红、白、灰三只不同颜色海豚组成的雕像矗立在池塘边的树丛中，她们张开前翅，好像在拍手欢迎游客们的到来，别有一番景致。

⊙ 位于三娘湾海中的海豚雕塑

⊙ 位于钦州市梦园内的海豚雕塑

⊙ 三娘湾4A级景区大门口的彩色海豚雕塑

钦州人民建造海豚雕像，是因为钦州人民与白海豚有不解之缘。白海豚一直被广西沿海渔民视为吉祥"天使"，是最受人们欢迎的动物，渔民不但从不去伤害她们，反而处处保护她们。20世纪60年代，曾有一头重约一百多公斤的中华白海豚，误入钦州三娘湾的浅海区，潮退后被搁浅，面临险境。当地渔民发现后，合力将她送回外海区，帮助其脱离

了险境。为了保护白海豚，在三娘湾海域建立了省级中华白海豚自然保护区。为了保证白海豚栖息的海域不受影响，落户钦州的中石油1000万吨炼油厂项目毅然决定不惜增加建设投资，将排放的工厂用水质量标准从国家二级提高到一级。北京大学生命与科学学院教授、著名动物学家潘文石专门来到钦州，与当地政府合作在三娘湾建立了中华白海豚研究基地，专门研究和保护中华白海豚。传为佳话的，还有海豚化身"三娘石"演绎救人与爱情的美丽动人故事。正是由于渔民的友善和保护，在三娘湾海域，聪明、活泼、可爱、友好、温顺、大方的中华白海豚已习惯于与当地渔民友好相处。人们经常看到成群的海豚围在渔船周围，似乎要与渔民一起围捕鱼群；而海鸥则往往紧随其后，在海豚的周围翻飞觅食，形成了一道海上奇观。当游人出海观光时，可以近距离观看到海豚欢跃腾飞，似与人们嬉戏，那五彩海豚跳跃划过碧蓝的海面，呈现一幅人与海豚亲密无间、和谐相处的美好画面，这是一个海豚与人亲密接触的奇迹。

⊙仙岛公园远景

钦州港仙岛公园的人文景观与自然风光

在钦州港经济技术开发区，有一座供人们游览休闲、缅怀革命先行者孙中山先生的公园。它在1995年9月，由钦州市委、市政府为了纪念孙中山先生规划建设"南方第二大港"——钦州港而修建的，因建在形似乌龟的海岛上，取名"仙岛公园"，又称逸仙公园。

仙岛公园是纪念革命先行者孙中山先生为主题的公园。最引人注目的是孙中山铜像和孙中山纪念碑。公园内的聚英台上敬立着一尊高13.88米、重30余吨、号称目前中国国内最大的孙中山铜像。铜像的基座为15.8米高的花岗石结构。基座由四幅汉白玉浮雕构成，每幅长11.36米、高3.6米。第一幅是《建国方略》，画面的中心为孙中山、宋庆龄以及黄兴、黄明堂等革命先驱站在历史的航船上，视察钦州湾。背景是《建国方略》，四周衬以人们辛勤劳作的场面，一老者带小孩站在岸边眺望大海，似在企盼亲人归来，即意隐着盼望钦州港早日开发。第二幅为《风云篇》，描绘的是近百年来钦州人民英勇抗击外来侵略的历史过程，从清朝后期民族英雄刘永福、冯子材英勇抗法到辛亥革命；从孙中山领导的钦州王岗山、钦州马笃山及广西镇南关等武装起义到抗日战争；从中共地下党的革命斗争、钦州解放、土地改革到社会主义现代化建设等历史时期的代表性事件，都在特定的画面中形、神兼备地反映出来。第三幅是《决策篇》，描绘当代领导人决策建设钦州港，从中央到地方领导，从海外华侨、港、澳、台胞到国际友人，从专家学者到普通民众，人人支持参与，个个捐资出力，背景以巨大的浪花象征钦州港

开发热情高涨。第四幅为《共建篇》，描绘的是钦州人民和国内外投资商共同开发，建设者们团结拼搏，艰苦奋斗，共建现代化港口城市的热烈场面；沸腾的港口码头、巨轮、集装箱、塔吊、高楼大厦、立交桥梁、进港铁路等建设情景，呈现出钦州人民建设南方第二大港的热潮。

当你步入公园，沿着石头台阶抬阶而上，就会看到雄伟的孙中山先生铜像迎面而立，他正"远眺"山下美景和日新月异的钦州港。在风轮台，则矗立着一座方体尖形花岗岩结构的孙中山纪念碑。这座碑于1926年制作，高3.4米，四面皆镌刻有碑文，正面为"孙总理逝世周年纪念碑"，后面是"钦县军政农工商学各界敬立"，左右两面是"革命尚未成功，同志仍需努力"的孙中山遗训。它激励着人们不断开拓进取，去努力为实现民族振兴、国家富强而奋斗。

⊙ 仙岛公园的红树林

仙岛公园内怡人的自然风光与人文景观构成了一幅和谐的图画。幽静的七十二泾及大片的红树林映衬着、簇拥着这一座"仙岛"。岛上园内，郁林葱葱，径道幽静，花香鸟语，各类观赏性植物遍布在林道两侧；那伸入海面的栈桥，让游人得以亲近连片的"红树林"。春天，桃花、山杜鹃、红木棉争相吐秀，景色宜人。登上山顶，眺望山下远处，

海阔天空，星岛棋落，七十二泾尽收眼底，阳光下的海水波光粼粼，小船泾中往来穿梭，渔舟点点；红树林与蚝排连成一片，海鸟在其间飞翔觅食。好一派人与自然的和谐景象。

⊙ 矗立于钦州港仙岛公园亚洲最高的孙中山铜像

"宋迹三迁"之天涯亭

钦州历史上的古亭颇多，但现独存的唯有位于钦州市中山公园内的天涯亭。天涯亭为北宋庆历年间（1041—1048年）知州陶弼始建。

⊙ 天涯亭

据清朝知州董绍美《重修天涯亭记》注释：该亭因"钦城南临大洋、西接交址、去京师万里，故以天涯名"。但也有人认为，钦州、廉州，自古以"钦廉之地"并称，廉州号称"海之角"，钦州称之曰"天之涯"。钦廉二州，恰好都是苏东坡公过化之地，于是后人分别在廉州建海角亭、在钦州建天涯亭来纪念他。天涯亭曾有过三次迁建。初建于钦州城东平南古渡头，因毁，于南宋淳熙四年（1177年）—宝庆三年（1227年）间迁建于东门月城之上。明洪武五年（1372年）同知郭携又在城内东门口重建，清康熙初年，知州俞三畏复建于平南古渡头。民国二十三年（1934年），因钦州辟街道，修马路，将亭迁建于中山公园西湖与南湖之间的"龙墩"之上，即今址。时广东省民政厅长林翼中曾赠题匾额"宋迹三迁"（但早已遗失）。现此亭南北面檐口悬挂"宋迹三迁"和"天涯亭"木匾。

天涯亭为历代到钦州的文人雅士最关注的地方之一，以致代代保

存。他们或赋诗以言志，或填词以寄怀，留下佳作颇多。据说，当年苏轼获赦，从海南回京途经钦州，曾慕名寻访天涯亭。有一画者以此为题材，画了一幅《东坡笠屐图》，画中东坡头戴斗笠，脚踏木屐，忧国忧民，神情穆肃。清朝同治六年知州陈起倬为此画撰联"蜀山公占峨嵋秀，岭海人争笠屐香"。该画现尚存于钦州市博物馆。后人仰慕东坡才学，念他钦州之行，亦题楹联于石柱上："泉水本清流，十万山中，谁为溯西江出处；天涯留胜迹，八百年后，我来续东坡旧游。"清宣统元年（1909年），艺术大师齐白石曾到钦州，并与友人李杞生、罗醒吾等同游天涯亭。还即兴画天涯亭一幅，自刻"天涯亭过客"印一方，以纪念钦州之行。1962年4月，著名剧作家、诗人田汉到钦州时，也为天涯亭题写七绝一首，诗曰："运河滚滚入湖来，设字危亭草满阶。自是诗人怀故里，钦州何必是天涯"。诗文现立于亭北面3米处的石刻上。

现存的天涯亭为平面六角形，三角形，宽4米、高5米多，石柱木梁玻璃瓦。虽然经过三次迁移和无数次修葺、改建，仍保存原古亭之味。现天涯亭依树临水，周边鸟啭莺鸣，湖水融融，环境清雅，风光旖旎迷人，是一处休闲的好地方。1982年，钦州县人民政府公布其为县级重点文物保护单位。

文化辉映的北部湾海洋文化公园

北部湾海洋文化公园是防城港市把"海"突出到文化图腾的至尊位置，在城市建设中神来之笔的杰作。可谓是"美轮美奂"、"漂亮之至"。它为港城增添了许多文化时尚与现代生活的浪漫。徜徉在北部湾海洋文化公园，你会流连忘返。

北部湾海洋文化公园，位于防城港市行政中心的南面，面朝大海，毗邻市博物馆、文化艺术中心、科技图书馆、青少年活动中心四大场馆。公园以"海洋文化名市"为主题特色，把中国传统文化精髓与园林环境结合起来，集书法、镌刻、奇石、园林、景观等艺术为一体。通过景观石林形式集中展示我国海洋文化经典诗词、名言名句，是市民学习与海有关的中华经典诗词、名言和鉴赏奇石和书法艺术的园地，是外地游客

⊙ 北部湾海洋文化公园中的石刻

观赏、体会海洋文化的精品景点。它主题鲜明地强调"海"的韵味，体现海洋文化内涵，突出防城港市海洋文化的特征。

在公园内，最具海洋文化内涵的是占地约100亩的、被人们称为"目前，中国内地首个以海洋为主题的面积最大、书体具备、名家荟萃

的大型书法石刻主题文化公园的'海洋诗书苑'"。"海洋诗书苑"五字集晋、唐、宋、元、明五朝大书法家王、颜、苏、赵、文各一字而成。书苑汇集了历代著名书法家、文人关于海洋描写的经典诗赋、词句的手笔墨迹，选取100块景观奇石镌刻出风格各异、形式多样的120幅书法作品；最为吸引人们眼球的是镇苑之作的《百海图》巨型石刻，它汇集了历代100位大家、名人书写的"海"字，包括书法史上著名的王羲之、颜真卿、苏轼、赵孟頫以及当代伟人毛泽东、邓小平等。这些集艺术性、观赏性、教育性于一体，国内外独一无二的海洋文化诗书石刻，堪称一道文化视觉盛宴。为此中华诗词学会授予该市"中华诗词之市"牌匾。

⊙ 北部湾海洋文化公园中的石刻

在公园里，园林妙景要素之一的景观树，明媚秀丽、艳而不妖，有罗汉松、木樨榄、苏铁、新会葵、三角梅、米兰、凤尾竹、观音竹、高桩花叶榕、鹅掌柴、风雨花（葱兰）、黄金榕等近上百种植物，并与周围的环境融为一体；还有一大片被誉为活化石的国家保护植物——红树林，让人大开眼界。

这座唯海独尊的北部湾海洋主题公园包装宣传了海洋文化，打造了防城港海洋文化名片，镌刻了海洋文化符号，启迪着人们海洋文化的思维，人们置身于园中，切身感受到厚实的海洋历史文化、独特的海洋民族文化特色，接受海洋文化的熏陶，获得海洋文化的滋养。也使这座海湾城市充满了海洋文化的风雅和气韵，激发当地人更加热爱自己的城市、热爱大海。

⊙ 北部湾海洋文化
公园内的"百海图"

⊙ 北部湾海洋文化公园中的石刻

⊙ 北部湾海洋文化公园远景

广西第一跨海大桥
——防城港西湾大桥

　　过去，防城港的渔万岛与江山半岛、企沙半岛为茫茫大海而相隔，人们往来其间，只能乘船驾舟，既费时又费神。如今，两地交通已大为便利。于2001年7月开工建设，2003年10月建成通车的防城港西湾跨海大桥，东起港口城区所在地——渔万岛钦防高速公路，中跨石屋背岛和龙孔墩岛，西接江山半岛，全长1570米，桥宽24米；配套一级公路长7.5千米，路基宽22.5米，全线双向四车道。大桥的建成，使港口与边境城市东兴之间的距离由70千米缩短为30千米，实现了千百年来人们"仙人架桥龙孔过，将军脚踏马鞍山"之梦想。

⊙ 西湾大桥远景

　　跨海大桥的建成，不仅成为防城港西湾的一道风景线，而且构建了

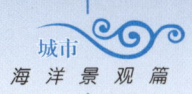
防城港市便捷的交通网，使"一桥飞架南北，天堑变通途"成为现实。它把防城渔万岛、江山半岛、江平开发区和东兴市这段中国西南的海岸线组成了一个完整的体系，并与港口和南防高速公路贯通，使南宁、北海、玉林等区内城市以及广东到防城港的高等级公路直通边关；它不仅让防城港扮演西南最便捷出海门户的角色，而且推动防城港市向更高效的直通东盟国家的陆上物流枢纽发展。

⊙ 西湾跨海大桥远眺

　　当你乘车经过这雄伟的大桥，放眼窗外，美丽的海景会令你心旷神怡，浮想联翩；轮下良好的路感，眼前宽阔的道路，便捷的交通，会让你赞叹人们的创造力和现代化科技的力量。当你迎着徐徐的海风，漫步西湾跨海大桥，扶栏远眺：港口码头上吊机林立，海面巨轮密布，还有远处白帆点点，阵阵浪涛飞溅，尽收眼底；再看那成群的海鸥在海面上冉冉飞翔，一幅幅诗意的海景，多么惬意！

气势恢宏的"边陲明珠"

　　防城港号称祖国的"西南门户，边陲明珠"。她以独特的魅力，吸引着来自国内外各地的投资者与商贾。而矗立在防城港市明珠广场上，以"边陲明珠"命名的"龙珠坛"则吸引着人们的眼球。明珠广场是防城港市的标志性建筑，与西湾广场隔海相望，互为衬托。广场四周环海，环境幽雅，既能近距离观赏西方湾跨海大桥的雄风，又能俯览整个西湾的美景，饱览防城港码头的雄姿和熙来攘往的各式船只。

　　明珠广场，是人们休闲、观光的重要场所。最令人注目的是"边陲明珠"的"龙珠坛"上的大型球体石雕。石雕高12.88米，直径8.99米，重1008吨，由236块选自石都福建惠安的花岗岩精雕细刻而成。石雕上镌刻着栩栩如生的双龙戏珠，是最美的文化图腾，其构思独特，寓意深邃。这对"双龙戏珠"大石雕名为"边陲明珠"，是防城港展现海洋文化特色的标志，是北部湾畔最美丽、最雄壮的标志性雕塑。它带给人们风调雨顺、兴旺发达的年景，带给百姓心想事成、万事如意的好运气；带给城市如龙腾飞、灿烂辉煌的明天。

⊙ 边陲明珠

防城港仙人山的传说

仙人山，位于防城港市市中心，海拔196米，是防城港市港口区的最高点，从山顶可以俯瞰港城全景及周边的自然景色，领略现代化大港的雄伟壮观，欣赏南国山水相连、海天一色的美景；一览碧波浩渺、帆现波峰的北部湾，将港口、海湾、田野、城市那如诗如画的风光尽收眼底。现在仙人山已开辟成为具有地方特色的城市景观公园，是集滨海、娱乐、健身、休闲于一体的公共场所。

⊙ 仙人山公园大门

仙人山是一个不凡的名字，人们自然会问：它是如何得名的？

美丽的仙人山确实有不凡的传说。相传道教仙人吕洞宾出游北部湾，从"南国蓬莱"驾鹤到此，对居住在渔万岛的人们四面临海，上天无路，出海无门，与居住在江山半岛、企沙半岛上的人们只能隔着茫茫

大海彼此相望，无法相互往来的境况非常同情。乐善好施、扶危济困、广施恩惠的吕洞宾于是欲搭一座跨海石桥，以济万民。在一个漆黑的夜晚，只见修道有术的吕洞宾口念咒语，搬来阴兵神工，采集他山之石，驱使阴兵神工在海湾中通宵建桥。岂料正值大潮，水深浪急施工困难，工程进展缓慢，当"龙孔墩"等桥墩凸出海面时，一阵雄鸡啼声传来，远处天边慢慢泛白，天就要亮了。而阴兵神工听不得雄鸡啼声，白天也无法接受驱使建桥，便在黎明前各自散去。仙人吕洞宾只得弃下没有完成的工程，匆忙离去，只留下满石遍岭的石头和这一美丽的传说。后来，人们把这一由仙人吕洞宾降临施法指挥阴兵神工建桥的小山叫做仙人山，其址就是现在的仙人山公园；那个叫龙孔墩的小山包就是传说中吕洞宾搭桥所建的桥墩。

⊙ 仙人山公园风光

传说是美好的，但神仙是靠不住的。要完成"仙人"没有完成的工程，圆防城港人千百年来的梦想，建设防城港跨海大桥，最终还要靠党和政府的开放政策和人民群众的智慧和力量。

大气磅礴的伏波文化雕塑群

在防城港市西湾海堤中段的伏波文化园里，有一组大气磅礴，造型生动传神，体现伏波文化精髓的雕塑群。

⊙ 伏波文化广场

伏波文化雕塑群是防城港市伏波文化园的主要部分，主题雕塑是高约25米、重14吨的铜铸伏波将军马援像；其造型是跃马驰骋、神采飞扬、振臂而呼、叱咤风云的马援威武形象。围绕主题雕塑的是两组表现马援南征，传播中原文化，建设南疆情景的大型浮雕：南面是与马援相关的中华成语文化花岗岩浮雕；北面是铜铸的"马留人"两位平夷大夫和"七姓将军"造像圆雕及巍巍竖立着的一根铜柱，以及与伏波文化相关的一些群雕、海上小岛和大型汉代战船雕塑。适宜处配以汉代风格造型及图案的建筑物。整个雕塑群以艺术手法，反映了由马援南征而产生、形成、发展并传承下来的"伏波文化"。

⊙ 伏波文化广场内的马援雕像

伏波文化是岭南地区为纪念东汉光武帝时期伏波将军马援平定交趾"二征"之乱的丰功伟绩，以及其高尚品德为各个时代的人们所推崇、发扬，逐渐形成的区域性的传统文化。马援将军被人们神化为"水神"，其"伏波"名号意味着降伏波浪之意，迎合了千百年来人们战胜自然的渴望。在广西沿海地区，人们幻想马援将军能保护他们的海上安全，马援成为人们祈求风调雨顺、出海平安的对象。伏波文化则成为了一种民间伏波信仰。

防城港市作为伏波将军马援南征交趾的重大历史事件的主要发生地，当地的"伏波文化"深入人心。弘扬"伏波精神"，建设伏波文化雕塑群，是防城港市海洋文化与区域传统文化的契合点，打造独具特色的、山海生态文化的海洋文化城市的又一杰作。在这里，人们在休闲中，既能瞻仰纪念马援遗像、了解"伏波文化"，又能欣赏到艺术的美，这是防城港市文化建设的一道亮丽风景线。

⊙ 伏波文化广场内的大型浮雕

⊙ 伏波文化广场内的华表

催人奋进的防城港龙马广场雕塑

《西游记》中的白龙马是原西海龙王敖闰殿下的三太子敖烈，因触犯天条，犯下死罪，后幸得大慈大悲的南海观世音菩萨出面相救，并予以点化，锯角退鳞，成为到西天取经的唐僧的坐骑。由于随唐僧西天取经归来而名动天下，被誉为"天下第一名马"。在中国的文化传统里，龙和马都有着相近的意象关联，因此龙常常被人们幻化成马，赋予马的功能，而塑造出龙马一体的形象，成为人们追求理想、超越现实的比照。

⊙ 龙马广场雕塑群

防城港龙马广场位于西湾跨海大桥一号桥头的左侧，广场以一座高19.93米白龙马雕塑为主体，寓意防城港市建市于1993年，四周分布着大小不一的形神兼备、惟妙惟肖的附属雕刻。栩栩如生的白龙马龙头马身，高大威猛，脚踏浪花，扬鬃腾空，奋蹄飞跃，仰天长啸，大有开创

未来的气势。它象征防城港市人民要像白龙神马一样，奋发向前，开拓创新，自强不息，进取向上。

白龙马雕塑基座的两旁，左边是一座由四个小孩拥抱着一只满衔珍珠的硕大扇贝雕塑，右边是一座由四个小孩背托着一只巨大海螺的雕塑；八个小孩充满稚气，形象各异，活灵活现、生动传神，让人们对未来海洋的开发与保护充满了信心和暇想。

⊙ 蛟龙出海雕塑

白龙马雕塑的两侧，左右各是四尊蛟龙出海雕塑，蛟龙躬身伏在波浪上的造型，犹如在大海中击波搏浪、乘风破浪，预示着防城港市要走向深蓝，走向五大洲。

白龙马雕塑的后两侧，左边是位硕壮的俊男展开双臂托日雕塑；右边是个妩媚的仙女披着长发丝带双手接月雕塑，形象惟妙惟肖，给人以美丽传说的想象。

龙马广场上的龙马雕塑与其北面的明珠广场上的明珠雕塑相映生辉，蔚为壮观，不仅是防城港市标志性的人文景观；更是一幅催人奋进、爽心悦目的风景图。

Haiyang
Renwenquwen pian

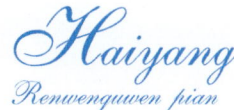

海洋人文趣闻篇

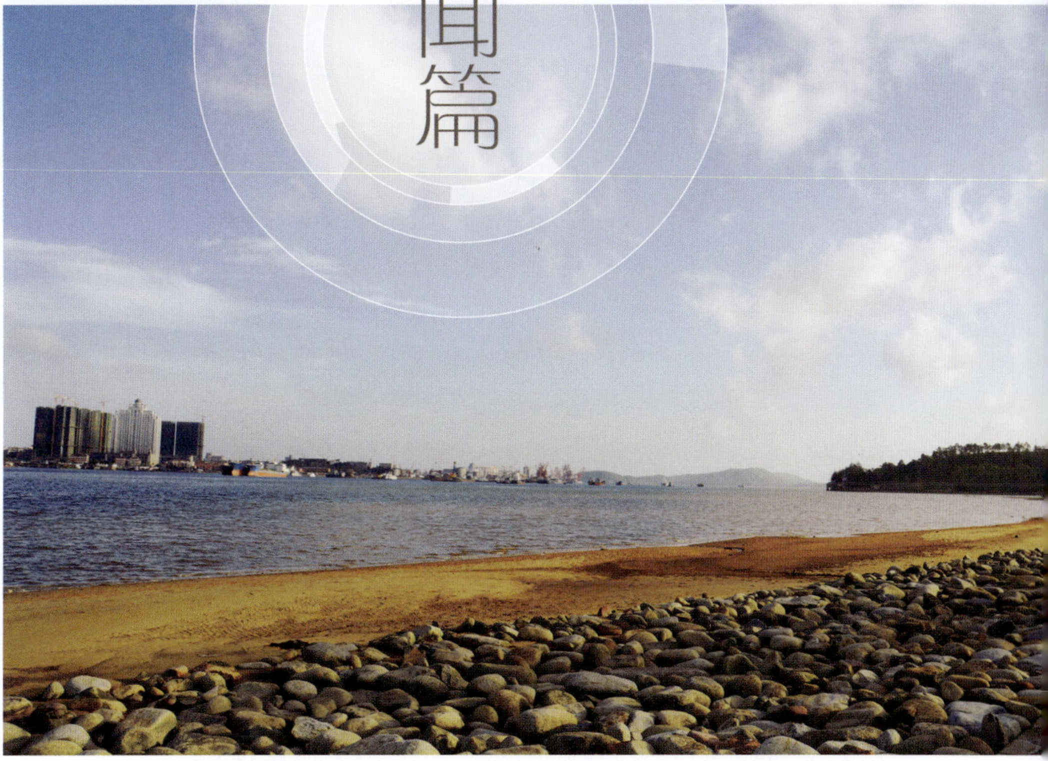

⊙ 钦州三墩岛风光

"美人鱼" 儒艮的传说

    "美人鱼"学名儒艮，俗称海牛，属于"濒临灭绝的海洋珍稀动物"，是中国目前两种一级保护海洋类哺乳动物之一。

    对美人鱼，人们的认识大多源于安徒生童话《海的女儿》中的小美人鱼和王子的爱情故事。"美人鱼"是人们自孩提时代起心中梦想的美丽动物，承载着人们的幻想和寄托，蕴含着丰富的文化内涵。目前，在全世界不同的地方流传着关于"美人鱼"故事的不同版本。我国宋朝《徂异记》记载："查道使高丽，见妇人红裳双袒，髻鬟纷乱，腮后微露红鬣，命扶于水中，拜手感恋而没——乃人鱼也。"这也许是因为在儒艮的胸鳍旁边长着与人类相似的一对丰满的乳房，成年母儒艮哺乳时用前肢拥抱幼仔，头部和胸部露出海面，头上偶尔会披上一些海草，犹如"头披长发的美女"，民间流传为"美人鱼抱子"。

⊙ 儒艮标本

在民间广泛流传的"美人鱼"故事是（清）任昉《述异记》所载的："南海中有鲛人室，水居如鱼，不废机织。其眼能泣则出珠。"说的是，有一条"美人鱼"被渔夫捕到了，善良的渔夫不忍心加害她，把她放回大海。"美人鱼"为此非常感动，流下的泪水变成了珍珠。这一故事，在广西合浦县既有现实版的写照，又有古代版的演绎。合浦县沙田镇外的海域是美人鱼的故乡，据说在20世纪50年代以前，沙田镇海域经常有美人鱼出没，她们在滩涂上吃海草，在浅海中玩耍。潮退时，人们往往能在滩涂上捡到海牛粪。世代以海为伴的渔民，认为美人鱼是龙宫太子，把她看作"神异鱼类"而奉若神明，不敢捕杀；即使无意捕到，也放生大海。

⊙ 儒艮

在合浦，还流传着一个与合浦珍珠相关的美人鱼的凄美故事——"人鱼泣珠"，合浦珍珠是由美丽的人鱼公主的眼泪变成的：很久很久以前，合浦沿海有一位以捕鱼和潜水摸珍珠螺为生的青年渔民林元。有一天，林元出海打鱼时遇到凶恶的海怪，在与海怪搏斗中被咬至重伤昏迷。人鱼公主挺身而出打败海怪，救出林元并带他返回海底水晶宫，对其精心救治护理。两人朝夕相处，感情日笃，不久结为夫妻。人鱼公主带着夜明珠和林元回到人间。人鱼公主聪慧善良，乐于助人，用夜明珠

为乡亲织网照明，治疗眼疾，和睦邻里，过着幸福美满的生活。不料夜明珠能为村民造福的消息传开，贪心的县官为了霸占夜明珠，带领兵丁前来夺珠，林元奋起反抗，惨遭杀害。人鱼公主以夜明珠的强光刺死县令报夫仇后，忍着悲伤回到海底水晶宫。但这事惊动了朝廷，朝廷得知合浦有宝珠，便派太监到合浦，逼迫村民驾船出海围捕珍珠，搞得人海不得安宁。人鱼公主施计让太监三获宝珠又三失宝珠，始终不让太监将宝珠带走。太监得不到宝珠，知道回京复令性命也难保，便在合浦营盘的珍珠城内自杀。大海重新得到了平静。此后，每当月亮从海上升起来时，思念丈夫的人鱼公主，便手捧夜明珠，泪如泉涌，滴下的泪珠变成一颗颗亮晶晶的珠玑滚落大海，海里的珠贝被人鱼公主的真情所感动，就把她落下的泪滴吞下，变成一颗颗珍珠，合浦一带成为珠母海。合浦珍珠因此闻名于世。

⊙位于合浦县城中心的"珍珠仙女"雕像

　　根据民间流传的故事，合浦人民在县城中心，以"美人鱼捧珍珠"为创意原型雕刻了一尊"珍珠仙女"雕像，巧妙地融合了"美人鱼"、"珍珠"两大珠乡特色。

南珠传说的故地
——白龙珍珠城

　　合浦珍珠又称南珠，以质优色丽而闻名于世，有"西珠不如东珠，东珠不如南珠"之说法，这主要得益于古代生产南珠的七大优质古珠池主要集中在合浦沿海海域。明朝洪武七年（1374年），朝廷在今北海铁山港区营盘镇白龙村筑城，设专门专官监管采珠，驻水师镇守防寇。该城以条石为脚，火砖为墙，用一层黄土夹一层珍珠贝壳夯筑而成，珍珠城因此得名。另传，白龙珍珠城因古时曾有一条白龙飞到此处落地不见踪影，人们认为白龙降临乃吉祥之地，称之为"白龙珍珠城"。古珠城是令人骄傲的南珠标志，是神话故事"合浦珠还"的发生地。

⊙ 位于营盘内的"南珠养殖基地"

　　白龙珍珠城为正方形，南北长320米，东南宽233米，城墙高6米，城基宽6米，面积7万多平方米，有东、南、西三个城门，门上有

城楼；城内设采珠公馆、珠场司、盐场司和宁海寺等。古珠城在抗日战争前还保存较好，由于战火影响，到新中国建国时只剩下一道城墙和南城门。古珍珠城的遗物是在原城基上留下的、被古榕盘根错节缠住的城砖，还有城墙周围隐约可见的古代加工作坊遗址和明代钦差大臣"李爷德政碑"、"黄爷去思碑"等遗迹。现在人们看到的白龙珍珠城是后来按原来模样修建的。从白龙珍珠城内外遍地散落的残贝，我们可以想象当年采珠之盛和珠民艰辛的状况。

⊙ 珍珠亭

1962年，著名剧作家田汉来到合浦，瞻仰了白龙珍珠城遗址，写下："南来初看还珠记，当日珠民重可悲。碧浪曾翻千斛泪，夜光能换几餐炊。方城有址堆残贝，古寺无踪剩断龟……"的感概，表达对珠民的怜悯。

多少年来，不论是文人墨客，还是百姓庶民，对南珠咏叹时都忘不了南珠的地标——白龙珍珠城。白龙珍珠城遗址被列为广西壮族自治区级文物保护单位，在其废墟上按原来模样修建了城池和仿古建筑"珍珠亭"，供游人瞻仰。使人们珍惜和维护南珠的美名、关注和保护海洋生态环境，永保南珠的质地。

⊙ 白龙珍珠城遗址

⊙ 白龙珍珠城遗址

南珠之乡 "割股藏珠" 的传说

　　"割股藏珠"在史料记载中确有其事，说的是唐宋时期，一些到合浦贩卖珍珠的波斯商人为免途中遭遇抢劫，"遂将珠藏于股中"。而在民间流传的典故"割股藏珠"，则是一个关于太监将合浦夜光珠藏于大腿中上送京城不成的故事。

　　相传西晋时候，皇帝听说合浦产夜明珠，夜明珠不仅能为夜渔人照明，还能治眼疾。于是就派太监带铁骑一千来到合浦，坐镇珠城强迫珠民下海采捕夜明珠。在官兵的威逼下，珠民们下海捞了三天三夜珠蚌，却找不到夜明珠。狠心的太监认为珠民是有意放过夜明珠蚌，于是下令把下海捞蚌的珠民斩首，青壮年珠民只好四处逃难。太监强逼老弱珠民及未成年的少年下海捞蚌，谁抗令就被斩首。当地采珠能手张生挺身而出救珠民，深入到盛产珠蚌的杨梅池红石潭采珠。到了红石潭，面对守护夜明珠的两条鲨鱼，张生勇敢地与鲨鱼搏斗，鲜血染红了海水。关键时刻，珍珠公主前来相助，打败了鲨鱼。张生幸免于难，并获得了公主赠给的夜明珠。

　　张生将夜明珠交到太监手中，太监欢喜至极，手舞足蹈，马上释放了被驱赶到海边的老少珠民，将夜明珠捧回合浦。在廉州城征集精工巧匠，用沉香雕刻了一个九层珠盒，再用九层绸缎将夜明珠包好，装进珠盒，并安上九层锁。随后，一行官兵浩浩荡荡地启程回京城。当他们行至合浦县边界梅岭，翻上九重岭坳，停下歇息时，太监打开珠盒检查夜明珠是否还在，开盒一看，夜明珠不知何时已不翼而飞。太监吓得当场尿湿裤子，不得不又赶回白龙城。这时皇帝又连下圣旨，催促火速送珠回京。太监急得满头大汗，便采取"找不到夜明珠，便人头落地"的"以人易珠"的毒辣手段，逼令珠民再次下海采珠。张生眼看大家又要

遭到一场浩劫，便再次担负起入海采珠的任务。珍珠公主为了张生和珠民免遭劫难，再次将夜明珠献给海生。

太监又一次得到夜明珠后，冥思苦想想不出安全送珠回京的方法。这时，合浦的官员向太监献计说：夜明珠是稀世之宝，一般方法是无法将其带出合浦的，只能是割肉藏珠，方可出南隅。太监虽实在舍不得割自己身上的肉来藏夜明珠，但更担心夜明珠送不到京城，无法向皇上交差。为确保万无一失，太监只好忍痛把腿割开，纳珠其中，缝合包扎好后返京。谁知还未走出白龙界，忽然昏天暗地，平地响起一声轰天炸雷，震得山摇地动，太监从受惊的马背上摔了下来。这时一道白光划破长空，直向白龙海面，海面一片珠光。摔下马背的太监心惊胆颤，放心不下夜明珠，小心翼翼地割开伤口一看，夜明珠早已无影无踪。太监绝望地晕了过去。当他被救醒后，深知空手回京，无法向皇帝交差，一定被判死罪，只好吞金自尽。据说白龙珍珠城外的一堆黄土，便是当年"割股藏珠"的太监葬身之所。这一典故流传至今，似在告诫历代官员不可违背天意与民意。

"珠还合浦"与状元传奇

　　说起合浦珍珠，人们往往会想起"珠还合浦"等奇闻轶事。其中，有一则发生在唐朝中期的"珠还合浦"与状元的传奇故事。

　　古代状元是在进士之中挑选出来的，只有先考取进士才有资格去竞争状元。考题的形式或是诗词歌赋，或是政论问策。公元791年，唐德宗贞元七年的科考试题是《珠还合浦赋》。参加考试的有五百多人，而取进士仅三十人，竞争十分激烈。获得此科状元的是阆州（今四川阆中县）一个名叫尹枢的七十多岁老者，其中颇带传奇色彩。

　　主持这次科举的官员是首次主持贡举的礼部侍郎杜黄裳。杜黄裳志在公平取士，为了考察考生们的应变能力，没有事先评定考生的名次，而是在第三场考试结束参拜之际，当众出榜公布。出榜时杜黄裳故意说，"主上误听薄劣，俾为社稷，求栋梁。诸学士皆一时英俊，奈无人相救"。此话一出，在场的几百名考生都惊呆了，大家面面相觑，究竟是什么事"奈无人相救"呢？这时，尹枢挺身而出，上前询问原因。原来是"榜贴"（喜报）还没有人写。于是，尹枢主动请缨书写榜贴，杜黄裳欣然授尹纸笔。只见尹枢握笔在手，逐一题名、唱名，其声音洪亮，列庭闻之。大家为尹枢七十多岁还有如此精力而赞叹不已。当上榜的名字一一列入，独缺状头时，杜黄裳问："写谁为好？"尹枢毫无愧色地说："状元非老夫不可"，便把自己的名字填了上去。此举令众人十分惊奇，果然，唐德宗李适点尹枢为状元。尹枢"自放状头"之事一时被传为佳话。

　　这次用《珠还合浦赋》为殿试题科考，不仅出现了一个"自放状头"的古稀状元的科举传奇，还考出了令狐楚、窦楚、皇甫铸、潇兔四个宰相，《珠还合浦赋》算得上是史上最有价值的试题了。于是，《珠还

合浦赋》被广为流传，并得以存于史籍彰显后世。

从尹枢、令狐楚文采飞扬、极尽渲染的《珠还合浦赋》，可鉴赏到盛唐合浦珠光的雅韵丰采。尹枢的《珠还合浦赋》全文如下：

骊龙之珠，无胫而至。骇浪浮彩，长川再媚。

回夜光之错落，反明月之瑰异。非经汉女之怀，宁泣鲛人之泪。状征既往，莫究奚自。偶良吏兮斯来，遇贪夫兮则？想夫旋返之仪，圆明可期。辉如电转，粲若星驰。光浦溆，窜蛟螭。映沙砾，晃涟漪。在暗而投，诚则悲路人未鉴；沈泉而隐，亦常表帝者无为。欣出处兮据德，幸浮沈兮中规。是以特表殊姿，潜怀有道。中含逸彩，上系元造。丑当时之饕餮，应为政之美好。真列郡之尤祥，实重泉之至宝。

于是焕清濑，辉浅湾。奔璀璨，走斓斑。岂能与石前却，随流往还。泛连波之下，盈一水之间而已哉。

兹川兮始明，老蚌兮勿剖。瓴甋兮罢笑，琼瑰兮莫偶。抱圆质而胥既，扬众彩而未久。方载沈而载浮，且曷浣而曷不。玉非宝，泉戒贪。实为国之司南。诚感神，德繫物。在为政之不口弗。愚是以颂其宝而悦其人，美斯政而感斯珍。想沿洄於旧渚，念涵泳於通津。则知美政不远，嘉猷入神。故中潜皛，下沈沦。转则无颣，磨而不磷。

令狐楚的《珠还合浦赋》全文如下：

物之多兮珠为珍，通其货而济乎人。才披沙以耀，俄错彩以玢。避无厌之心，去之他境。归克俭之政，还乎旧津。由是观德，孰云无神。相彼南州，昔无廉吏。富期润屋，贪以败类。孤汉主析圭之恩，夺苍梧易米之利。滥源既启，真质期。从子旧而不瑕，谅天视兮有自。孟君来止，惠政潜施。欲不欲之欲，为无为之为。不召其珠，珠无胫而至。不移其俗，俗如影之随。尔其状也，上掩星彩，遥迷月规。粲粲离离，与波逶迤。乍入潭心，时依浦口。惊泉客之初泣，疑冯夷之始剖。依於仁里，天亦何言；富彼贪夫，神之所不。沙下兮泥闲韬光而自闲。映石华之皎皎，杂鱼目之鳏鳏。岂比黄帝

之使罔象，元珠乃得；蔺生之诡秦主，荆玉斯还。由是发润洲苹，增辉岸草。水容益媚，泽气弥好。川实效珍，地宁爱宝。

隐见谅符乎龙跃，亏全非系乎蚌老。岂惟彰太守之深仁，所以表天子之至道。观夫杲耀外澈，英华内含。饰君之履兮岂不可，照君之车兮岂不堪。犹未遭於采拾，尚见滞於江潭。虽旧史之录，与前贤之谈。终思入掬以腾价，愿得书绅而励贪。于惟明时，不贵异物。徒饰表者招累，而握珍者难屈。是珍也，居下流而委弃，历终岁而湮郁。望高鉴兮暗投，幸余波之洗拂。

廉吏颜游秦与合浦珍珠

　　廉州是"珠还合浦"古郡府邸的所在地。珠还合浦，千秋传扬，百世廉声。历史上，这里还流传着许多廉吏与合浦珍珠的故事。除成语"珠还合浦"中的孟尝与合浦珍珠的故事之外，影响较大的还有"廉州颜有道"——颜游秦的故事。

　　颜游秦于隋末唐初出任廉州刺史。史籍上称其在廉州刺史任上"抚恤境内，敬让太行，争讼绝息，风教大治"。颜游秦上任时，朝廷还没有开放合浦珠池，前任官员为了迎合朝廷权贵的喜好，以严刑酷法强迫珠民下海采珠，再巧取豪夺诈取珠民的珍珠贡献给朝廷权贵。颜游秦的为官格言是"礼让大行"、"廉而勤"。一到廉州上任，马上深入珠池去了解珠民的生活，查访珠池开采和珠民采珠收成的情况。通过调查了解到合浦珠池大多成了贪婪官吏的私产，珠民只是这些贪官逼索珍珠的工具，采珠所得全部被掠夺，生活难以为继的悲惨状况后，他立即向朝廷上书要求开放珠池，让珠民能够自由采珠和自由贸易，其他百姓也能借珠市贸易解决生计问题。颜游泰的奏请引起了朝廷重视，唐高祖李渊采纳了颜游泰的建议并专门下旨：开放廉州珠池，与民共利。合浦珠市重新焕发出了活力，百姓生活因此得到很大改善。

　　颜游泰任廉州刺史"廉而严，境内清肃"。为了整肃地方社会治安，他复查司法审判、监狱收监犯人案件，发现有相当一部分珠民或农民是因交不出珍珠或田赋被当作刁民、恶徒或土匪而入狱的，逐一核实后，便下令释放。颜游泰听说乌泥珠池有一位珠民采得一颗上好珍珠舍不得上交前任太守，被太守诬其密谋造反，要将其抓捕并诛族。这位珠民被逼聚众造反，在珠池之间以收取珠民保护费为业，珠民深受其骚扰之苦，官府却奈何不得。颜游泰亲自带人乘船出海，找到该珠民，劝说其解散队伍，表示只要他放下屠刀，回家重新做人，官府就不再追究此前的罪责。经过反复劝说，这位珠民为颜游泰的诚心诚意所感动，决定解散队伍，回家重新以采珠为业。此事一时传为美谈。

⊙ 合浦珍珠贝

颜游泰在廉州任刺史期内，由于清廉勤政"有道"，治理地方"有道"，爱惜百姓"有道"，而被吏民称为"颜有道"。民间为此作歌传唱："廉州颜有道，性行同庄老。爱人如赤子，不杀非时草"。这首歌则由做生意的贩夫走卒，商贾歌妓传到了京城长安。唐高祖李渊听后大悦，亲笔玺书"廉州颜有道"以对颜游泰褒扬。《唐书》为之立传，《廉州府志》将之列入"名宦志"。颜游泰成为了后来为官者清廉爱民的楷模。

还珠岭的传说与珠乡廉吏的故事

在珠乡合浦，民间有许多由珍珠演绎的浪漫传说，折射出一定的历史、政治、文学色彩，其中流传得最广最深远的是寄托着民众希望当政者为官清廉的传说。

相传，有一名在合浦任职的知府，在他去任回复皇命当天，与家眷和仆人行至廉州城东北时，突然天昏地暗，狂风大作，雷电轰鸣，暴雨骤下。知府好生奇怪，望着天空自言自语地说："刚才出门前还是晴空万里，现在却是如此恶劣天气。我在任上谨记先贤吏风，奉公廉洁，勤政恤民，日月可鉴，为我离任之日，老天爷这样怒我。"于是，知府转向妻子和跟随他的仆人，厉声问道："谁收受了别人的财物！"老仆人连忙摇头，只见其妻子急忙跪在地上，从怀里掏出一颗珍珠哭叙："前几天几个珠民得知老爷您要离任，说老爷是珠民的救命恩人，一定要送一袋珍珠给您。我说老爷有规定，不能收受别人的礼物、财银，谁违反了重者要坐班房，轻者要被责打，横竖不肯接受。但他们不依，死活不肯走，最后为了打发他们走，我只好拿了一颗。因怕你责骂，故不敢告诉你！"知府一听，气急地大声喝道："你坏了我的清廉啊！"于是夺过妻子手上的珍珠，把它扔到山岭脚下。顿时，珠落雨止风收，天空明朗。这座小山岭后来就被人们命名为"还珠岭"。据明朝金事李骏《合浦还珠亭记》，廉州城东北确有还珠岭，岭下有为纪念汉孟尝美政还珠而建的还珠亭。

廉州是中国一座以"廉"命名的古城。历史上诸如"还珠岭"传说中的廉吏不乏其人。如流传于世的危祐"无愧州名"、张岳"不持一珠"、徐柏"一肩一仆"等故事。

宋元祐元年（1086年），危祐任廉州太守。在职期间，危祐以民为本，关心百姓疾苦、勤政恤民，不遗余力地解决百姓衣食问题。绅商民众见危祐日夜辛劳，便集款做了一把扇柄上镶有珍珠的聚珠扇送给他。危祐不为之所动，坚决不收，并动情地对送扇者说："我在廉州当太守，要不愧对州名，对得起廉州这个地名的含义。如果我拿了这把珍珠扇，在廉州百姓面前不是无地自容吗，又有何颜面在廉州当官啊！"此事被后世传为佳话。

⊙ 位于合浦中山公园内的古井廉泉

嘉靖十七年（1538年），张岳任廉州知府。他在任期间，廉洁勤政，史称"政廉学业精"，其传诵后世的事迹很多，最为史家称颂的是他高风亮节"不持一珠"之事。《明史》记其"岳居四年，未尝入一珠"。说他作为主管珍珠产地的廉州最高长官，主政四年没有私下拿过一颗珍珠。张岳向家人约法三章，不准家人过问、参与合浦珍珠业的事情。他升迁调离廉州时，其夫人因与他同赴廉州住了四年却未见过合浦珍珠一眼，请求在离开之前能看一看合浦珍珠。张岳这才向府库借出珍珠给夫人看，看完之后，立即交还府库。张岳离开廉州后，廉州百姓建

了两座"张岳公生祠"以永远纪念他。

明嘉靖时进士徐柏，赴廉州上任知府时，只带一个老佣人挑行李和一个小书童随行，当徐柏一行来到邮亭，向在此迎候新任知府的廉州官绅问路时，众官绅竟想不到如此简朴的来者是知府。徐柏任职期间，深入沿海布防务筑工事，御倭寇防海盗，使百姓得以安居乐业；施行政清刑简之治，兴办书院，提倡文章教化；奖励垦田开荒，发展商贸，开珠禁设珠市，使廉州出现了繁荣景象。徐柏深得珠乡民众的敬重。在徐柏离任时，其下属要把珍珠编结成的扇送给他以作纪念，感谢他造福一方的施政功绩。徐柏婉言谢绝："吾一肩来也，一肩去也，别无余物。来守是邦，应与廉州名相符也。"后人因此把徐柏称为"一肩一仆太守"，以传诵他的高洁品行。

珠乡廉吏故事千百年来盛传不衰，激励着一代又一代的吏治文明。

"合浦珠还"的故事

关于合浦珍珠故事多种多样，既有神话传说，又有史料记载。"割股藏珠"里，珠出不了合浦，"珠还合浦"则是自西汉起就在民间流传的神话故事，它贬斥的是昏君贪官。而另一个有历史依据的"珠逃交趾"又重回合浦的"合浦珠还"故事，赞美的是清官孟尝。

据《汉书·孟尝传》载，东汉时，合浦郡农耕业不发达，"海出珠宝"而地"不产谷实"，即当地百姓很少有人种植稻米，都以采珠为生，以珠向邻郡交趾郡换取粮食。合浦珍珠具有细腻器重、粒大凝重、晶莹圆润、光泽经久不变的优良品质，被视为奇珍异宝，吸引了交趾（今越南）等各方的客商。可谓"价盈兼金"，经营合浦珍珠收益很高。合浦市场上曾一度以斗量珠，富庶一方。当时的合浦官吏多为"上承权贵，下积私路"之徒，他们借"山高皇帝远"的便利，不仅巧立名目对珠民横征暴敛，还垄断珍珠贸易，盘剥珠民。为

⊙ 孟尝像

了获得更多的珍珠，他们不顾珠蚌的生长规律，驱迫珠民无节制地捕蚌采珠。由于滥采不止，致使合浦沿海珠苗濒临灭绝，"珠遂渐徙于交趾郡界"，"逃命"到邻近交趾郡的那片海了。珠蚌逃了，合浦珠源枯竭，产珠少了，珠民收入大为减少，老百姓没了生活来源，连买粮食的钱都没有，不少珠民因贫穷而饿死，民不聊生。

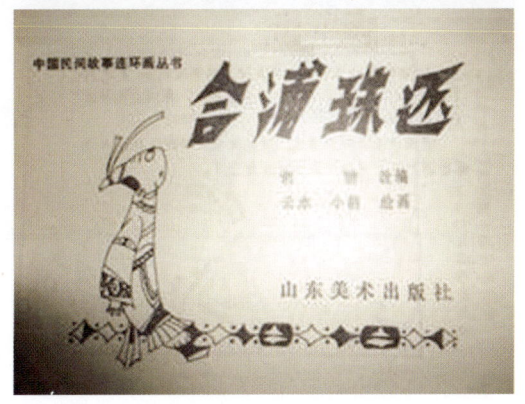

⊙《合浦珠还》连环画封面

汉顺帝刘保继位后，任命在徐令任上政绩卓著的孟尝为合浦郡太守。孟尝到任后，深入民间体察百姓疾苦，找出当地珠民贫穷和饥饿的原因；改革前弊，整肃官吏，严惩贪腐，减轻珠税，与民休息。他下令废除官吏盘剥珠民规定，对珍珠资源采取了一些保护措施。此外，他还革除官方垄断，促进珠宝贸易市场开放自由竞争。在他的治理下，合浦政通人和，迁徙的珍珠蚌很快又回到了合浦沿海，繁衍起来，合浦又成了盛产珍珠的地方；百姓们恢复了从前的职业，商贾来往，珍珠贸易市

场又热闹起来了。

鉴于此，人们把孟尝奉若神明，称其"廉能生珠"。珠乡人民为了纪念孟尝太守"去珠复还"的政绩，建了还珠桥、还珠庙（孟尝祠），创作了神话粤剧《珠还合浦》、历史剧《合浦珠还》以及《珍珠与太监》、《珠魂》等一批优秀作品，以追思祭祀，感念恩德，传颂讴歌孟尝的事迹。

⊙ 历史剧《合浦珠还》剧照

文昌塔的传说

合浦文昌塔又称文笔锋、番塔，位于合浦县城南约3千米处，"（万历）四十一年合浦文昌塔成……"，距今已有三百多年历史。

这是一座八角七层的叠涩出檐楼阁式的砖塔，高约36米，塔座8.1米，内径2.6米，塔基比塔座大出约一米，以长条青砖石板构筑而成，塔身全用青砖里外三层对缝粘砌，表层抹灰浆，每层塔内墙壁上均砌有6阁佛龛，佛龛里曾安放有佛像。塔尖原为密檐式的塔刹，后遭雷电击毁，塔顶修缮为红胡芦。塔身造型是从底层向上逐层收拢，一层比一层狭，一层比一层小，并在塔心设阶梯逐层次回旋往上，可登至顶部。每层开着东西通风门，即坤门与凤门，其余是作装饰之用的假门，塔内有阶梯盘旋而上。塔身为白色，角边和拱门边为红色，红白鲜明，既朴素又美观。在塔的底层，开有东西向大门，这是入口出口之处。

⊙ 文昌塔塔尖

文昌塔巍然独峙案山之上，地处高阜，南襟禁山，西倚望洲岭，东北临府城。立于塔顶，向南可望见茫茫大海乃至整个北海市区；向北可将合浦这座"廉州古城"尽收眼底；向东向西则是茫茫林海、秀媚川岭。遗憾的是，1981年修缮时出于"保护"目的，用砖将塔门全部封砌起来，游览者只能立于塔下望塔兴叹了。

有关合浦文昌塔的故事在民间流传着。有人说：古时候，合浦廉江经常发生水灾泛滥。有一年，不知从何处跑来一头巨大的犀牛入驻廉江河湾里，从此，江水不再泛滥，百姓安居乐业。到了明代万历年间，官府赋税徭役繁重，百姓苦不堪言。每当贪婪的官吏来到廉江河湾附近横征暴敛时，都被犀牛显灵吓跑。官府于是在廉江河湾高阜处修建文昌塔，塔落成后，每逢太阳升起，塔影倒映在河湾水中，犹如一条长长的鞭子抽打在犀牛身上，致使犀牛无法在廉江河湾安身，只好逃逸他处。从此以后，贪官们又可为所欲为了。

⊙ 文昌塔

也有人说：明朝时，有一年，廉州来了一个"番鬼佬"（旧时廉州人对外国传教士的蔑称），他眼光犀利，能看穿石头。番鬼佬看到廉江里有头大犀牛，知道它是个灵物，并预知廉江有此灵物日后必出了大人物。番鬼佬为了不想让廉州出人杰，便编造谣言说："犀牛是个妖孽，不除会祸害地方。"百般怂恿官府在廉江河湾旁的山坡上建一座酷似牛鞭的塔。塔落成后，每当日出时，塔身的倒影映落河湾水中，如鞭子般不断地抽打犀牛，使犀牛再也无法在河湾安身，只能逃往别处居住。从此，廉州便少出俊才了。

　　文昌塔历来被百姓视为廉州古城深厚传统文化的象征性建筑。根据明代《廉州府志》的记载："塔名文昌，义取丁火之文明也"即"文昌"应为丁火文明昌盛的意思。在古代，当人们认为一个地方的地理环境风水欠缺时，往往以建塔的方式来趋吉避凶，祈求神灵的庇护，于是，造塔镇住地灵、振兴文运蔚然成风。因此，合浦文昌塔应为风水塔，古人当初建塔是为了补辅廉州府城西南隅"形家所忌"的地理风水环境，趋吉避凶，使之变否为泰；祭祀文昌帝君，祈求福祉，改变"民无贮蓄"、文运不昌的地理风水劣态，并祈盼得到文昌帝君的护佑，使廉州丁火文明昌盛。另外，人们还想借塔高耸的形制来做为地标，营造一个能登高远眺（即"固一郡之望"）、人文与自然和谐统一的优美景观。合浦文昌塔承载着"一郡之望"！

北海外沙龙母庙会盛景

在北海外沙，有一项古老且充满浓郁海洋特色的民间活动，那就是一年一度的龙母庙会。传说中的"龙母"是一位有超人领悟能力的奇女子，她率领民众战胜天灾人害，使黎民百姓得以安居、生息、繁衍，是造福百姓、保平安的"神女"，深受人们的拥戴。在北海，历代疍家人心中的"龙母"是乐善好施，能消灾解难的仙人，被尊称为娘娘。

⊙ 外沙龙母庙会拜祭的龙母

北海市外沙龙母庙始建于清代道光三年（1823年）。近两百年来，外沙龙母庙里一直供奉着龙母。每逢龙母及其他诸神的诞期，外沙龙母庙都会举行或大或小的庙会祭祀活动，这些活动其实都是一种祭海仪式。即祈求龙母娘娘等诸神给外沙的渔民百姓多多庇护和保佑，使出海

的渔民能满载而归，百姓能安居乐业；祈祷龙母娘娘给他们子孙后代的生活带来福祉。外沙龙母庙会最隆重的最热闹的是每年正月十六和农历十二月十六日的祈福和还福日。那是北海的一道民俗盛景。

◉ 参加外沙龙母庙仪式的祈福或还福的队伍在北海珠海老街游行

　　举行祈福、还福仪式的当天上午，参加祭祀活动的人们组成浩浩荡荡的游街队伍，随着出行时辰的到来，敲起锣鼓，吹响唢呐，抬着龙母娘娘等诸神，由身着艳妆高举各色狼牙旗的疍家妇女开路，摇（推）着花艇、打起腰鼓、载歌载舞，欢天喜地从龙母庙出发，场面宏大，沿路舞龙舞狮、旗飞乐飘、热闹非凡，充满了浓郁的渔乡风土气息。游街队伍走过外沙桥、进入四川北路，在幸福街金猪烧制场把众多橘红色的金猪装上花艇和三轮车后，穿出小巷转入大路，经公园路、珠海路等若干道路回到龙母庙，在庙门前击鼓吹奏、燃放鞭炮，以谢龙母娘娘和诸神的恩德。然后进入龙母庙庙宇行香朝拜，表达祈祷的心愿。整个庙会期间，白天香客云集，香火鼎盛，晚上庙外的空地上睡满外地祈福的香客。祭祀活动完毕后，金猪分发给集资参加祭祀活动的各家庭或个人，以作家庭吃祭。此外，用宰杀生猪烧制金猪剩余的内脏作为食品，进行集体吃祭，参加的人向龙母行香朝拜、默默向龙母敬语，随后举起酒杯一饮而尽。

　　龙母庙会的祭祀活动既展示民俗风情的热闹场面，又不乏谐趣、诱人的场景。它是纯朴疍家人延续永远的民间传统，也是北海民众的一种精神寄托。人们通过年初向龙母娘娘和诸神的祈福，年终来还福的祭祀活动，表达对生活和劳动的热爱、对美好生活的向往。

千秋焕彩的疍家风情

在广西北海外沙，有一条蜿蜒穿越村中而过的小河，河面上停泊着疍家人的家口艇，河岸旁是依水而建的疍家棚——这就是外沙海鲜岛疍家民俗村，灯塔、帆船、小桥流水、渔歌晚唱，充满浓郁疍家民风的雕塑点缀其间，极尽疍家风情。

疍家人是以"舟楫为家，捕鱼为业"的居民群落，世代漂泊在海上，捕鱼为业，退潮而歌。因所居的渔船外形极像疍壳，被人称为疍家。

地角渔村是北海最古朴的渔村，也是北海的"避风港"之一。清代梁鸿勋在《北海杂录》里写道："北海埠地濒大海，后以积沙而成……大概先有南湾一埠，迨南湾埠散，而北海市始成。……埠之西有红坎村，计六七十家，七八百人，有地角村，计二百余家，约千人……"随后还记有21个村场名称，但每个村场的人数都在二百人上下，外沙列棚而居的疍家"计二百余间，约六七百人。以地角村人口最密。"地角疍家在开发地角的过程中，逐步向今海城区的外沙、白虎头一带伸移。随着岁月的变迁，外沙、白虎头一带的疍家或多或少的受到外来因素的冲击，疍家民俗在相互兼容中逐步淡化，只有地角疍家还保留着较多的原生态疍家民俗风情。

地角疍家的民俗活动有：三婆庙的春秋二祭，祈福还福；冬月建醮，祈祷平安；正月望日的华光神出游；农历九月廿八日的华光诞；农历二月十九日的观音生日；六月十九日的观音成道之日；九月十九日的观音涅槃日；农历三月二十三的三婆诞；农历五月初一至初八的龙母生辰诞期、得道诞期；正月初四的龙母开金印、正月二十二龙母开金库、五月初一至初八龙母生辰诞、八月初一至初八龙母得道诞、十二月十五

龙母水灯节；农历三月十二至十六日真君诞等。每逢这些节日，地角疍民都会举行盛大的祭祀纪念活动来祈福、还愿，祈祷神灵保佑自己顺景

如愿。这些民俗活动对北海的民俗文化的积累和形成产生很大的影响。目前北海市民间所有的民俗活动几乎都

⊙ 位于北海外沙河面上的疍口艇

有地角疍家民俗活动的影子。其中，古朴精彩的疍家婚礼更给人们留下深刻的印象。

明末清初学者屈大均曾在《广东新语》里描述疍家婚姻："诸疍以艇为家，是曰疍家。其有男未聘，则置盆草于梢，女未受聘，则置盆花于梢，以致媒妁。婚时以蛮歌相迎，男歌胜则夺女过舟。"今天，生活在北海地角一带的疍家的婚礼主要由以下几部分组成：一是求聘，二是过礼，三是哭嫁，四是迎亲，五是唱婚，六是拜堂，七是婚宴，八是洞房。

"求聘"是指疍家如果家里有未订婚的青年男女，男家则置一盘草于船尾，女家则放置一盘花于船尾，以此作为标记，表明各自的身份和意愿，以此聘媒为之撮合婚事。"过礼"是经媒婆撮合后，双方家长把子女的生辰八字互换，确认无相冲相克"合八字"之后，选个好日子去"过礼"，一般是男方主动。男方到女家过礼后，女家要回礼。男女两家都要设宴待客，谓之"礼酒"。"哭嫁"是疍家女儿出阁的"保留节目"。疍家女儿出阁前要剃脸上头，此前十天内一般都不许外出抛头露面。出阁前一天晚上，举行"拜饭"仪式，即祷告祖宗。哭嫁俗称"叹家姐"，有母女对叹，有姐妹（陪嫁姐妹）对叹，其内容都是表达女儿对父母的谢恩依恋，声调婉转高低，与哭腔相似，约定俗成，就成了"哭嫁"。

⊙ 疍家婚俗

"迎亲"、"唱婚"、"拜堂"、"婚宴"是连为一体的。疍家婚礼在船上举行，新娘出阁，男家择定良辰，由伴郎划着装扮喜庆的小艇前来迎亲。新娘梳着滑髻，穿着裙摆绣有五彩垂线的黑裙，由喜娘背着，在女伴们的拥簇下，由伴娘张伞护拥登上迎亲艇，一路歌声四起，喜炮鼓乐。到了男家，新娘由人撑伞背入，撑伞的一般是男家本家的一位子女双全的中年妇女，而且要一边走一边撒米。新娘被接入夫家后便拜堂合卺，张筵款客，洞房花烛。当晚例行"伴郎"活动，内容与女家拜饭同，参加的全是男性。疍家酒席"全是鱼"，寓夫妻婚后捕鱼丰收，生活幸福之意。新娘子到了夫家后，在一定的天数内是不能下地的。

疍家婚俗中最精彩的"唱婚（哭嫁）"，是疍家传统婚俗"婚时以蛮歌相迎"的遗韵。是疍家人对亲情最真切的自然流露，是整个疍家婚俗中最为动人的情景。

每当黄昏来临，地角渔村一片繁忙，点点渔舟和着大海的涛声，满载着鱼虾和喜悦悠悠荡荡地驶进了港湾。疍家渔民小舢板放网、海钓、笼捕海洋生物，疍家姑娘在滩涂海域挖螺扒蟹、捕鱼、垂钓、用网兜在海泥沙中捕虾，……疍家世世代代重复着他们的海洋生活，延续着饶有特色的原生态风情民俗。

北海珍珠节

当你漫步北海老街、海珠广场，畅游南珠宫，抚摸着温软如玉的珍珠时，南珠之情不禁油然而生。

北海市合浦县是南珠故乡，"珠还合浦"的美丽传说就发生在这里。早在2000多年前，南珠通过汉代"海上丝绸之路"的始发港——合浦运往西方各国，走向世界，扬名海内外，赢得"东珠不如西珠，西珠不如南珠"的美誉。目前，在北海从事珍珠养殖、珍珠首饰加工和综合开发利用的企业和个体工商

珍珠

户达450家，整个珍珠产业从业人员达2.5万人，珍珠及珍珠产品年交易额超过8亿元，北海已成为中国珍珠重要的销售区域之一、全国海水珍珠及珍珠系列产品集散中心。

为传播中国优秀物产、弘扬中华民族传统文化，北海市从1991年开始举办北海国际珍珠节。以珍珠为媒介、文化旅游搭台，经济商贸唱戏，开展各项文化、旅游、体育、经济技术合作洽谈活动，增进国内外对北海的了解，展示北海蓬勃的发展现状和美好的发展前景，促进经济文化的交流、扩大北海与世界各国和地区之间经济技术、商贸的合作，不断推动北海市的经济发展和全方位的对外开放。

1991年金秋采珠时节，首届"北海国际珍珠节"隆重举行，参加珍珠节的贵宾达30万人，是建国以来北海最热闹的场面与情景。1993

年10月，来自17个国家和国内26个省市的宾客聚首北海，参加规模盛大的第二届"北海国际珍珠节"。因主会场设在海滩上，当时仅海面上就挤满了5000多艘船。嘉宾客商来自亚、非、欧、美几大洲。签订合同126项，投资额为7.43亿美元。其中合同外资额4.94亿美元，商品成交额1.1亿元，为北海经济繁荣注入了生机。1997年10月第三届"北海国际珍珠节"，有来自18个国家及国内26个省市中外嘉宾云集北海签定合同38个，投资额为71亿元。节日的活动异彩纷呈，地方文化特色浓厚，再现北海发展历程，一表珠乡人款款深情。

⊙ 第一届"北海国际珍珠节"开幕式

第四届"北海国际珍珠节"于2004年12月18—20日举行，恰逢北海对外开放二十周年纪念和首届中国—东盟博览会成功举办之时。各种活动精彩纷呈："同一首歌"走进北海大型文艺晚会、北海进一步对外开放20周年成就巡回展、第17届世界模特小姐中国赛区总决赛暨南珠形象小姐颁奖晚会、2004年中国·北海国际珠宝交易会、中国第一本南珠专著《中国南珠》发行仪式、中国第一部南珠电视系列片《南珠春秋》首映仪式、首届北海珍珠产业发展论坛高峰会等。

2013年9月7日—9日，第五届"北海国际珍珠节暨2013年北海国际海滩旅游文化节"隆重举行。这次珍珠节以展示北海珍珠历史文化、生态旅游亮点为主线，以展览交易为重点，文化互动为亮点，商旅结合为特点，活动内容十分丰富：有国际珍珠（珠宝）展销会、招商推介会、珍珠产业论坛、南珠文化展演等。还有南珠文化展演，以北海疍家文化为主要元素的主题晚会和海滩狂欢夜、北海风情美食节、特色美食评选等。进一步促进北海与东盟国家经济文化合作交流，充分发挥北海作为广西对东盟

⊙ 珍珠节开幕式

开放的前沿和窗口的作用。利用珍珠节，北海市积极开展对外经济交流活动，与多家企业成功签约12个项目，投资总额达53.75亿元，涉及电子、物流、汽车销售、房地产等领域。

　　南珠是北海走向世界，世界了解北海的一座桥梁，是北海一张亮丽的城市名片。

⊙ 历届珍珠节会标

汉代海上丝绸之路的始发港寻踪

汉代，中国王朝以开放的姿态与世界各国友好往来，商贸交往空前发达。在公元2世纪左右，中国开辟了沟通东西方文明的"丝绸之路"。在西北有通往西域的陆上丝绸之路，而在南方则有由合浦郡的徐闻、合浦港走向海外的"海上丝绸之路"。

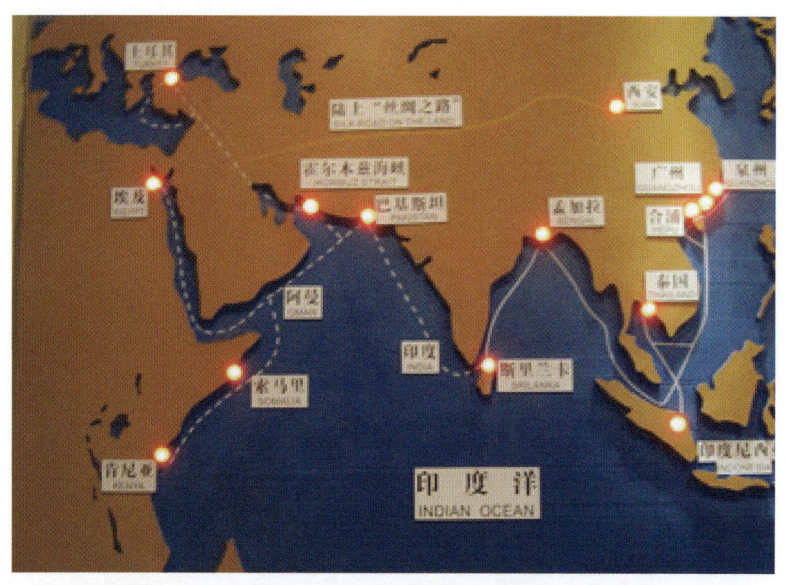

⊙ 汉代海上丝绸之路线路图

据《汉书·地理志》记载："自日南障塞、徐闻、合浦船行可五月，有都元国（今印度尼西亚内）；又船行可四月，有邑卢没国（今缅甸境内）；又船行可二十余日，有谌离国（今缅甸境内）；步行十余日，有夫甘都卢国（今缅甸境内）。自夫甘都卢国船行可二月余，有黄支国（今印度境内），民俗略与珠崖相类。其州广大，户口多，多异物，自

汉武帝以来皆献见。有译长，属黄门，与应募者俱入海市明珠、璧琉璃、奇石异物，赍黄金杂缯以往。所至国皆禀食为耦，蛮夷贾船，转送致之。亦利交易，剽杀人。又苦逢风波溺死，不者数年来还。大珠至围二寸以下。平帝元始中，王莽辅政，欲耀威德，厚遗黄支王，令遣使献生犀牛。自黄支船行可八月，到皮宗（今新加坡内），船行可二月，到日南、象林（今越南境内）界云。黄支之南，有已不程国（今斯里兰卡），汉之译使自此还矣"。这是史书上有关中国与东南亚、南亚各国海上交通及贸易的最早的系统记载。在这条航线上，我国主要输出丝绸（杂缯）等物品，"以物易物"换来玛瑙、璧琉璃、奇石异物等，因此称为"海上丝绸之路"。一般认为，这项由汉政府组织的远洋贸易，主要由朝廷委派皇宫内机构"黄门"负责，下属有通晓外国语言的"译长"，招募船工即"应募者"，其中应有熟习水性舟楫的当地土著骆越之民。船队经由合浦郡的两大港口，在冬天乘东北季风南下往西远航，待"数年来还"时，则乘夏季西南风归航回港。

　　合浦古港，汉盛一时，今日安在，如隐迷雾。古代远洋港口，需具备水深、避风、便于船舶停靠及货运交通的自然条件。对于汉代合浦港的位置，历来有多种推断。最早在明朝嘉靖年间就有廉州知府张岳搜寻古安南海道，从今北海市区冠头岭下发舟起航，后人沿袭这一看法，认为南潭（万）是合浦古港所在；另有人认为古合浦港在南流江出海口之一，明清时期的乾体港，即"三汊港"内河段，俗称"西洋江"；还有人认为古合浦港在南流江出海口附近的廉州至党江一带；也有学者认为古合浦港在今廉州镇附近南流江的主要支流西门江。由于古代合浦港所处的海岸线在现在已有很大的改变，目前乾体以西、沙岗以东、北至上洋一带的地域都是南流江入海口数千年形成的冲积平原。在古代，海岸线当在距廉州镇附近不远，沧海桑田，合浦古港估计已湮没在历史的沉沙积土之下。今天，廉州镇周围密集分布着范围广大、墓主身份复杂（包括郡守、县令、庶士等多个层次）的汉代墓葬，同时在廉州镇内西门江岸遗存有烧制汉代建筑用瓦的大型窑场，这些确凿证据都说明合浦确为汉代郡治的所在地。因此，古代远洋出海的大港应该选在郡治附近

更适合官方管理和进行货物集散的地方。

作为"海上丝调"之路始发港之一的古合浦港的鼎盛时期在两汉时代，虽然后来逐渐黯淡下来，让位于唐、宋时期的广州、泉州等地，但作为海上出入越南等东南亚各国的一条必经之道，这条开辟于西汉的海上之路从未中断，北部湾沿岸与海外的民间往来贸易一直较为频繁。《合浦县志》（民国版）记载，清末民初，北海汽船航行有二线，一是往东经琼州海峡至香港；一是往西抵（越南）海防。而帆船则在海上四通八达，畅行无阻。

今天，重新兴起的北海港空前繁忙，往来于世界各地的商务巨轮与日俱增，这条承古拓展的"海上丝调之路"真正是余韵添新曲。

承载着海上丝绸之路历史的
古村落"乾江"

乾江，位于合浦县城东南，现为合浦廉州镇乾江社区。说是一个社区，但其现有格局、所拥有的文化内涵，会令人叹为惊奇。

乾江，古称乾体。乾体港一贯为合浦的门户，自古为中国南方军事要塞和通商口岸。从北部湾海上进入廉州城一般经由乾江。《读史方舆纪要》："合浦南濒大海，西距交趾，固两粤藩篱，控夷蛮要地。"《合浦地名志》说："乾体海口，是廉州门户，扼江海之交，秦汉至明朝，此港是中国对外交通贸易要地。《廉州府志》也有"廉郡合浦，附郭面海背山，南十里乾体海口，为廉州门户，乾体至冠头岭大观港，数百里海面辽阔，迫处郡城"之说。由乾体过大观港、乌雷岭，便到越南。中国自秦汉以来，历晋、唐、宋、元、明以至于清朝，其对外军事，尤其是对越南，都涉及乾体。《海外代答》有"南安舟楫，自其境永安，朝发暮到，入乾体港，溯江上廉州"。从这个角度来看，合浦是汉代海上丝绸之路始发港是一个不容置疑的史实，而乾江也就是海上丝绸之路的出海口和千年商圩古圩了。

历史上，乾江确实承担起廉州府城安全防卫的屏障的作用。明清时期的乾体营、乾体营游击、乾体营水师、八字山炮台、乾体炮台均设于此。由于乾江原是濒临南流江入海口的三叉港，在水路上，它作为河口中转港，上可通江进入廉州，下可达海到北海；在陆路上它是廉州府城至北海官道的结节点。因此，它成为清代廉州府城与北海港之间的中转枢纽及北海港集散货物、补充给养的辅助港。直到新中国建国初，乾江还保持交通商贸中转枢纽的特殊地位。以乾江水运码头和天后宫为原点，延伸扩展出近现代商业老街。

走进乾江，你首先会为这里的明清古建筑所折叹。乾江老街以清代岭南传统风格为主，多为中式商铺，间杂部分带有西洋风格的骑楼式

⊙ 乾江中学的双子楼藏经阁

建筑。典型的老街有水星街、柴栏街等，其历史原貌基本保存，进士第、苏健今医馆旧址、严福远、严培远烈士旧居、陈濯涟旧居颇具清末及民国建筑特色，一批青砖老庭院随处可见。

走进乾江，这里的庙社之多令人应接不暇，圩内的历史古迹有"六庙八社"，六庙有天后宫、龙王庙、接龙观、文武庙、康王庙和三婆庙。其中乾江天后宫是合浦境内年代最早、规模最大的祭祀天妃的庙宇。八社为文兴、中屯、中兴、里仁、厚福、兴贤、永庆、东兴社，其中以文兴社建筑为大，一连三吉，除殿堂外，还跨街结拱，屋宇轩敞。乾江还有洪、麦、钟、苏、郭李、周等宗祠和十五户祠，十五户祠设立海汇小学，郭李氏祠设秩序小学，经费也由祠堂供给。此外，

⊙ 独轮车推过的青石板街

乾江还有温泉古方井，相传宋代苏东坡居廉州时慕名专程前往观赏。在

乾江古圩的周边，存在许多古迹，如文昌塔、三界古庙、双贞亭、洗鱼河、犀牛望月潭、九头庙、汉代造船厂遗址、乾德大生牌坊、廉乾官道牌坊等。

走进乾江，你更为这里的人文书香资源所惊叹。乾江号称"教授摇篮"，这里有珠乡最早的近代学堂——建于光绪二十七年（1901年）的乾体学堂，比改作学堂制度的廉州中学还要早四年。光绪二十九年（1903年）时，乾江圩便有了秩序学堂、海汇学堂、峙山学堂，之后又有了基督女子小学、私塾等各类学校，总数超过了十所，文化教育之发达为珠乡之冠。据史料记载，明代合浦的13名进士中，乾江就有进士2名。而近代史上的乾江名人大多与重大事件如：中法战争、辛亥革命、粤桂战争等有关。自民国以来，更是出二百多位教授、专家、学者、名医，是珠乡著名的教授、专家之乡。

乾江，那独轮车推过的青石板路，那古老的天后官、苏氏医馆、郭李家祠堂，还有乾江中学的双子楼藏经阁和操场中央那颗几百年树龄的老榕树……乾江，让人回味的东西太多太多了，这是承载着广西海上丝绸之路历史的一个古老渔村。

⊙ 苏氏医馆旧址

⊙ 中式商铺

抗日保台民族英雄
——刘永福

　　民族英雄刘永福一生为国而战，他援越抗法屡战屡胜，"刘义打番鬼，越打越好睇"的故事传颂于今。他渡台抗日保台虽因清政府的腐败而失败，但其不畏强暴，勇于斗争，誓死捍卫民族尊严和国家领土完整的气概，却为人动容，被尊称为"百年前的抗日爱国英雄"。他以民族大义为重，不以官爵为荣，只知捍卫社稷的抗日保台故事令人难以忘却。

⊙ 刘永福

　　1885年，刘永福从越南回国任广东南澳镇总兵之职，清政府以节省军费为由，把他原带的3000余将士裁撤为三四百人，刘永福成了"有统军之名，无统军之实"的总兵。1894年甲午战争爆发，清军水陆大败，台湾孤危。刘永福奉命率军赴台助防。他要求闽、粤总督准其回粤西、桂南招集旧部，重建黑旗军，却受到拒绝。两广总督谭钟麟只将"乌合之人仓猝成军"的潮勇1000人拨给刘永福，让他分作两营。尽管困难重重，但他救台心切，立即赶回广州燕塘旧居，就地招募旧部将士，补足四营人。

　　刘永福到台后，被台湾巡抚安排驻防台南。他巡视台南4县防务，认为台湾地势孤悬，四面受敌，统筹台岛，防务才有把握，上奏清政府并积极帮办台湾防务，将自己在越南抗法战争中的经验教训传授给台北守军，并亲自指导开挖地营、整顿防务。

刘永福到台南后，军情紧急，军饷十分困难。为坚持抗战，"保我神圣国土"，刘永福把"筹军饷为第一紧要之事"。除频频去函去电求援外，还派人赴大陆请求援助和接济。当时，大陆同胞纷纷响应，掀起了支援台湾的抗日高潮。但清政府公然阻挠，不仅将大陆官民援助台湾抗战的军械和粮饷截留下来，还诏令沿海各处："台事无从过问，所有粮械，自不宜再解，致生枝节。"刘永福见此情形，发出"内地诸公误我，我误台民！"锥心泣血的悲鸣，只能以台湾省台南官银钱票总局和"护理台南府正堂忠"的名义，发行台南官银币，向各商户借款筹饷。

⊙ 刘永福抗日保台

随着清军在黄海战败，1895年4月，清政府与日本订立《马关条约》，将台湾割让给日本。清政府下旨，将驻台湾的文武百官调回内地。刘永福则复电台湾省巡抚唐景崧"与台存亡"。1895年8月，在台北失陷，台中军民与日军展开血战的时候，日本海军大将桦山资纪给刘永福送去劝降书，要刘永福缴械投降。刘永福以不畏强暴、坚贞不屈、大义凛然的民族气节庄严宣告："余奉命驻防台湾，义当与台湾共存亡……"

在整整五个月抗日保台的艰辛斗争中，刘永福领导台湾爱国军民进行了八卦山之战、台南保卫战等多次战斗，军民前赴后继，浴血奋战，

给日本侵略者以极其沉重的打击。据日本史学家的资料记载："日军投入49835人的兵力和26214名随军夫役，付出了近卫师团长北白川宫能久亲王、近卫第二旅团长山根信成以下4642人阵亡的代价，花了4个月时间，才勉强地占领了台湾。"

刘永福从维护祖国统一的民族大义立场出发，抗日保台的悲壮斗争，正是其临终时告诫子孙铮铮之语的写照："临阵不畏死，居官不要钱……然予心惕惕，终不以官爵为荣，只知捍卫社稷，不使外洋欺我中国为责任……不惜以铁血铸山河，强大种族！"其民族气节和民族精神如浩气长存，永载史册！

刘永福抗日保台三拒"总统印"

中日《马关条约》签订后，1895年6月，日军强行占领台北，对台湾实施殖民统治。此时，在台湾的清廷官员仓忙内渡，台湾巡抚唐景崧出逃，群龙无首，亟需有一人能统筹各方面的事务，调动各种因素，指挥各种力量进行抗日。在这种情况下，台南各界召开有数千人参加的公民大会，公推刘永福为台湾民主大"总统"。会上决定铸造"台湾民国总统之印"银印一枚。银印铸好后，各界代表集中将印送与刘永福，并说明全台各界数百万生命公举他出任"总统"。刘永福胸怀坦荡地慷慨陈词："尔等众百姓公举我做'总统'，送印而来，可以不必多此一举！此印不能打得，无论如何均要打赢，方可完全领土。今日之事，军事也，土地之存亡，人民主关系，千钧一发，甚宜注意。其实事在将兵互相得力，咸皆用命，或者易亡而存，转危为安，从此上国衣冠不沦夷狄耳。区区此印，无能为力……请将印带回销之可也。"

过两日，台南各界又委派代表耆老等将印送与刘永福。刘永福再拒说道："前次送来，吾已不受，今又何劳诸君耶？夹势如斯，情同骑虎，朝廷忍舍锦绣山河又不愿置数百万生民于不理。今诸君送此印来，无非欲保自家，固土地，不甘为蛮夷牛马而已。诚宜决意抵敌，务须互相协力，筹军饷，为第一着紧要之事……吾在越国时，三次与法逆交兵，一战而法附马安邺授首，再战李威利分尸，三战而法全军焚灭，共计法兵死者不下万人……彼时并无'总统'印绶，不过奉命讨逆将士用命而已，印何为哉！"

又过3日，代表们再行送印，刘永福拒绝接受并说："你送印交我，更不能做事矣。尔们回去，那系有银帮银，有钱帮钱，无钱帮米，无论多少均善；至其无钱米之人，别要帮力，我须用人出力，则相帮

之至。"

⊙ 矗立在永福广场的刘永福雕像

⊙ 钦州学院学生用海嚓话表演弹唱剧《刘永福三拒总统印》

　　刘永福三次拒任台湾"总统",并不是推委保台抗日之责,而是为了维护祖国统一和领土完整。在刘永福眼里,台湾自古是中国的一部分,台湾人民是中华民族的骨肉同胞;接受总统之印,出任所谓"台湾民主国总统",那就破坏了国家的统一。因而,他斩钉截铁地再三告复

世人：他不要"总统"印绶，要的是"完全领土"、"上国衣冠不沦夷狄"、人民不为蛮夷牛马。事后不久，台南文武百余人并集歃血同盟，公推刘永福为台湾抗日盟主，主持抗日斗争，并发布了《抗倭盟约》。刘永福此举堪称"中华民族反'台独'的先驱"，具有历史性的重要意义。

钦州三娘湾"三娘石"的传说

　　广西北部湾沿海有许多海湾，三娘湾是最迷人的海湾。三娘湾位于钦州市犀牛脚镇东南面，这里不仅有清丽恬静的树林、千姿百态的礁石、温馨古朴的渔村、悠闲从容的渔民、碧海中灵动的海豚，还有许多动人的传说，其中最令人感动的是"三娘石"的传说。

⊙ 三娘石

　　这是一个不恋天堂恋三娘湾的传说。很久以前，三娘湾一带并没有村庄，只有一般渔船，船上住着三位英俊的青年。他们共用一番网，共住一个舱，同甘共苦，相依为命，亲如兄弟。有一天，他们在海上打鱼，突然狂风大作，巨浪滔天。急忙中他们收起渔网，只捞上了三条小

海豚。小船像一片落水的叶子，在狂风巨浪中飘荡了三天三夜，船上的食物吃光了，只剩下这三只小海豚。当饥饿难挨的三兄弟准备把海豚宰杀来当食物时，看见三只小海豚双眼流淌着泪水，十分可怜，心地善良的三兄弟下不了手，便把海豚放回了海中。陷入困境的三兄弟任由小船继续飘荡着，极力向远处眺望，寻找着陆地泊船。这时，他们发现一个树木葱茏的小海岛，于是拼命摇橹靠岸。当他们还没有站稳脚跟时，便看见有三位漂亮姑娘从树林里走出来，笑容满面地将他们带到树林里的屋子，捧出瓜果热情地款待他们。次日，海上风平浪静，三兄弟谢过三位姑娘，便驾船离开小岛。当他们回到海湾时，远远就看见海滩上站着三位身穿洁白裙裳的姑娘，正微笑着迎接他们。小伙子们走近一看，原来是小岛上曾热情接待过他们的三位姑娘。善良的三兄弟与美丽的三位姑娘互生好感，结成了夫妻。他们在海边搭起了房子，过起了丈夫打鱼、妻子织网，生儿育女的恩爱生活。

这三位姑娘原来是小伙子们放生的海豚变的，是海龙王的女儿，因厌烦了龙宫乏味的生活，想到人间走走看看，遛出龙宫，摇身变成海豚，却没想到被三位小伙子的渔网网住，并爱上他们与之结为夫妻。消息很快传到了海龙王那里，龙王很生气，限令三位海豚姑娘三天（即人间三年）后必须返回龙宫。三年时光一晃而过，留恋人间生活，痴迷三娘湾美景，钟爱丈夫的海豚姑娘们却丝毫无意返回龙宫。龙王发怒了，趁着三位小伙子出海打鱼的时候，掀起狂涛巨浪，企图打沉小伙子的渔船，冲毁他们的房子，逼迫三位海豚姑娘返回龙宫。但三位娘子毫不屈服，伫立海滩，手牵手，肩并肩，阻挡抗御恶浪。三天三夜过去了，惊涛骇浪没有退去，三位娘子也等不到丈夫归来。几天后，波浪中飘回了一只空荡荡的船。三位娘子料想丈夫已经被巨浪卷走了，她们悲痛欲绝地呼喊："回来吧，夫君！"喊声感天动地，震荡大海。可是，海龙王却没有为三娘子的坚贞所打动，反而变本加厉地掀起滔天巨浪，欲将房子冲毁，卷走他们的孩子。紧急关头，三位娘子拔下头上闪闪发亮的银簪，奋力掷向巨浪，顷刻间大海风平浪静，她们保住了房子、保住了儿女，但仍然看不见丈夫的踪影。但三位娘子坚信自己的丈夫会平安归

来，于是她们在海边并排站着，等候丈夫归来，朝朝夕夕，风雨不改，天长日久，化成了三根并排矗立的花岗岩柱子，这就是今天人们看到的象征坚贞爱情和勤劳勇敢的三娘石。三娘湾也因此而得名。

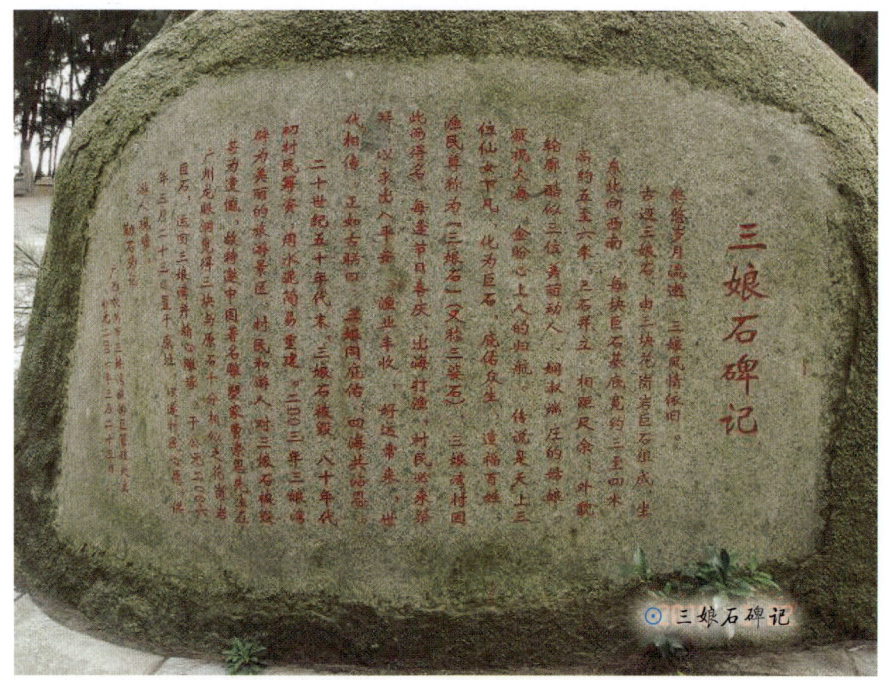

⊙ 三娘石碑记

钦州三娘湾 "海霞" 女子民兵班

在钦州三娘湾，不仅有"三娘石"等动人的神话故事，还有"海霞"女子民兵班特色形象的现实故事；不仅可以看到成群海豚欢跃腾飞的自然景观，还可以看到"海霞"女子民兵班英姿飒爽在海滨巡逻的身影；不仅可以听到粗犷的海浪拍打海岸的涛声，还可以听到电影《海霞》插曲《渔家姑娘在海边》那优美婉转的歌声。三娘湾"海霞"女子民兵班就像一道特别的风景线，展示着海疆姑娘"不爱红妆爱武装"的风采。

⊙ 电影《海霞》剧照

"海霞"女子民兵班的雏形，是建国初期组建的"三娘湾女子民兵班"。三娘湾及女子民兵班因20世纪60年代，那部曾以钦州三娘湾为取景地，反映海岛女民兵与国民党残匪渔霸进行斗争的故事片《海霞》而一度家喻户晓。随着改革开放的春风吹拂，中国和平崛起，加之三娘湾村风纯朴，原来的女子民兵班的作用不再明显，甚至有一段时间，原来女子民兵班便在人们的视线中消失。

为了更好地保护三娘湾的安全稳定，让海豚在三娘湾海域有更好的栖息环境，维护三娘湾景区的旅游秩序，弘扬"海霞"精神，树立三娘湾旅游区的特色形象，2004年6月15日，三娘湾成立了由八名女青年组成的"海霞"女子民兵班，恢复当年"女子民兵班"在海滨巡逻的制度。

　　这支由年轻漂亮姑娘组成的民兵队伍，身着统一的渔家服或迷彩服，背着钢枪，活跃在景区各景点、海边沙滩，进行治安巡逻，维护景区治安和旅游秩序稳定。她们英姿飒爽的身姿，引起众多游客的浓厚兴趣。游客们说："在钦州，除了感受三娘湾怡人的自然风光，还可领略到一道别致的国防风景线。"

⊙ 这里曾是阻击美蒋特务登陆的战场，斑驳的弹孔依稀可见

⊙ 三娘湾的一道风景线——海霞女子民兵巡逻队

钦州坭兴陶远渡重洋扬名

坭兴陶是广西钦州的传统民间工艺品，至今流传已有1400年历史了。100年前，钦州坭兴陶远渡重洋，在巴拿马万国博览会上获得金奖，从此扬名于世界，与江苏宜兴陶、云南建水陶、四川荣昌陶并列为中国四大名陶。

钦州坭兴陶起源于隋唐年间，盛于清朝咸丰年间。至20世纪初，经过多代坭兴陶世家的传承发展，坭兴陶产品发展有各种吸烟小泥器、茶壶、小花瓶和文具等，工艺精益求精，日益著名。

 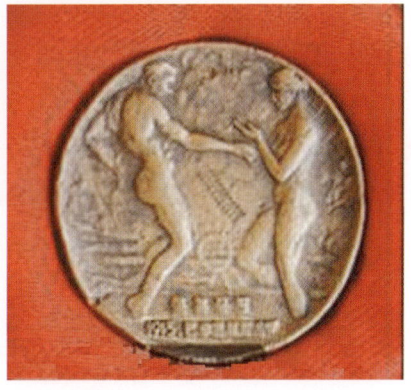

⊙ 1915年钦州坭兴陶在巴拿马万国博览会荣获金奖的奖章的正反两面

清同治年间，钦州从事坭兴工艺的人家，大都聚居于县城南鱼寮横街设店经营，形成一条坭兴巷（即"烟斗巷）。19世纪末20世纪初，在钦州从事坭兴陶生产的有40多家，其中较负盛名的有"黎家园"、"仁我斋"、"符广音"、"麦兴记"、"潘允馨"等家。坭兴巷内的黎昶春、黎昶昭两兄弟是钦州有名的陶人，黎昶春是美术工，黎昶昭是拉坯工，兄弟俩合作做的陶艺品在当时名噪一方。

　　1915年，为庆祝巴拿马运河建成通航，美国在旧金山市举办巴拿马万国博览会。中国第一次组团参加世界博览盛会。当时，广州商人梁任公常常来往于广州与钦州之间，他看到黎氏兄弟做的一对坭兴陶山水花鸟瓶后赞叹不已，认为可以拿去巴拿马万国博览会展出。但从未出远门的黎氏兄弟却不知如何参展。梁任公便拿了这对花瓶委托朋友准备送到上海与中国展品一同往美国参展，不巧的是，中国组团的船已经启航了。情急之下，梁任公托亲戚将花瓶送到越南海防，后又转到香港，正好赶上香港去巴拿马的船。这对山水花鸟花瓶在万国博览会展厅上一经展出，便吸引了外国参观者的眼球，大家纷纷赞叹其做工精细、造型独特。最后，这对花瓶获得该次博览会的金质奖章。

　　据悉，当年的巴拿马万国博览会，应邀参加的共41国。中国作为国际博览会的初赛者，第一次在世界上抛头露面。中国一共有1218件展品分获不同奖项，其中获金质奖章250枚。展出结束后，黎氏兄弟并不知道自己的花瓶获国际大奖。后来，中国政府查明，这对获奖坭兴陶花瓶出自"黎家园"（名号），按规定重奖了黎氏兄弟。

　　钦州坭兴陶产品首次参赛，却一举夺魁。消息传回，钦州民众舞龙放炮欢庆3天，文人墨客们集合在"天涯亭"上举办"东坡诗会"，以"咏坭兴"写下数十首诗庆贺。

　　20世纪80年代，中国改革开放伊始，坭兴陶继续续写远渡重洋的故事。1984年秋，美国华人为欢度圣诞节，提出要用中国最具远古的历史文化的标志——陶瓷，制作圣诞礼物。经派人专程到北京查证，认定广西钦州坭兴陶是中国陶瓷历史上最悠久，最具代表性的陶瓷文化。为此特设计一个吉祥物"神鸟"样本，订制50万件，钦州坭兴人怀着崇敬的心情，精心制作，于圣诞节前把作品全部运抵美国，圆了海外华人的一个寻根梦。

⊙ 坭兴陶产品

齐白石的钦州缘与钦州白石湖

　　提起齐白石，人们总会想到这位大师画的活灵活现的虾。灵动而呈半透明质感的虾在水中嬉戏，或急或缓，时聚时散，疏密有致，浓淡相宜，情态各异，着实惹人喜爱。

　　齐白石（1863—1957年），现代著名书画家、篆刻家。曾任中国美术家协会主席、中国画院名誉院长。他主张艺术"似在不似之间"，形成独特有大写意国画风格，开红花墨叶一派，尤以瓜果蔬菜花鸟虫鱼为工妙，以其纯朴的民间艺术

⊙ 白石雕像

风格与传统的文人画风相融合，达到中国现代花鸟画最高峰，其画印书诗俱佳，人称四绝。1953年被文化部授予"人民艺术家"的荣誉奖状。1956年世界和平理事会授予他1955年度国际和平奖金。1963年世界和平理事会推举他为世界文化名人。

　　齐白石一生五次出游，于1906年、1907年、1909年三次旅居钦州，在钦州停留时间长达两年，住在时任钦廉兵备道道台郭保生家。他游遍了钦州的名胜古迹，与钦州结下了不解之缘。钦州丰富多彩的自然物产赋予他无限的创作热情，荔枝的红果墨叶、芭蕉的绿意清凉、海虾的透明灵动……孕育了他的绘画艺术从工笔向写意过渡的"衰年变法"，

他与钦州人民广泛交流，结下了浓厚而绵远的友谊。

钦州之游，给齐白石下了深刻的印象。齐白石一生作画3万多幅，同一题材作画数量最多的是虾和荔枝。到了晚年，在一幅《思食荔枝》画中题诗："此生无计作重游，五月垂丹胜鹤头；为口不辞劳跋涉，愿风吹我到钦州。"活灵活现的荔枝画、栩栩如生的花鸟虫鱼画，传递着生态文明的科学信息。从齐白石诗、画、印中充分体现老先生对钦州秀美山川、民风特产的喜爱和赞赏，体现他对钦州人民的无比眷恋的深厚感情。

⊙ 钦州白石湖

为纪念齐白石，钦州市建设白石湖生态公园、白石塔，并陆续整理出版了《齐白石在钦州——齐白石与钦州荔枝文化》等一批书籍。钦州白石湖公园已于2013年国庆节前建成并对外开放。公园里最核心的景点当属白石湖的音乐喷泉。这个音乐喷泉设置在白石湖南面，整个造型为一个齐白石的印章。喷泉最高可以达到80米，与之毗邻的是高68.6米，地上12层、地下1层，属混凝土仿古建筑的和谐塔，为和谐公园的核心景点。

钦州乌雷
——海上丝绸之路的始发港和中转港

乌雷是钦州市钦南区犀牛脚镇的一个村庄，位于北部湾北岸、钦州市三娘湾东南侧两千米处。在汉朝时，这里是我国通往东南亚和南亚的海上丝绸之路的必经之地，唐朝时，这里曾是乌雷县县衙驻地，是钦廉沿海的主要港口之一，为我国海上丝绸之路的主要始发地，是佛教僧侣从海上到南亚及东南亚各国取经的必经之地之一。

乌雷，自古是我国通往东南亚、南亚乃至西亚的海上交通的必经之地。公元前213年，秦南开五岭统一中国，其中一路大军从南流江而下，抵合浦乾体港，向西往过大观港、钦州乌雷岭到达交趾。东汉马援南征交趾，到合浦后"缘海而进，随山刊道干余里"，并在钦州港附近的乌雷岭一带令水军"夜凿白布峰腰之地"，沟通了大风江和龙门港。马援过了钦州港，再经北仑河进入越南。这条道路也是后人经钦州湾到越南的海上通道。如《新唐书》载：高骈征南绍，过灵渠、越桂门关，沿南流江南下到乾体港，然后西达交趾。清朝《读史方舆纪要》中写道："由乾体海口西过大观港、乌雷岭便到越南。"越南史籍也称：外国船舶"（由）安南四屯岳山水道，绕防城白龙岗，出钦州乌雷岭后，直望冠头岭到廉州乾体港"。

乌雷，在唐朝时曾设立过县级政权机构。据史籍载，唐朝时期，唐高宗李治于总章元年（668年）置乌雷县，隶属钦州。南宋《舆地纪胜》载："乌雷故城，距今乌雷庙半里。"唐上元二年（675年），置玉山州，后改为陆州，陆州隶安南都护府。天宝元年（742后）改陆州为玉山郡，辖乌雷县、安海县、华清县（今大番坡镇境内）。乾元元年（758年）玉山郡复为陆州。至大历三年（768年）省乌雷县，陆州治所由乌雷迁至宁海县（今东兴市附近）。乌雷县、陆州、玉山郡治所均在乌雷，时间长达100年之久。

⊙ 乌雷——汉唐海上丝绸之路的必经之地

由于乌雷距东南亚各国及印度最近，而且是从合浦港启航往东南亚各国的船只的必经地之一，因此，它成为南朝到隋唐时期商人、使节、高僧从北部湾出入往返于南亚、东南亚各地或进入中国中原各地的的重要门户。据《大唐西域求法高僧传》记载："益州（今四川）僧人义朗，与同州僧人智岸并弟义玄，由长安南下，跨五岭，到钦州乌雷，同时商舶"南航。越南历代贡使很多取道钦州进入中国，乌雷是必经之口岸，乌雷成为广西沿海重要港口之一。到唐朝时，由于这里设县，成为我国对外商贸、文化交往的重要地区。

钦州乌雷伏波庙

　　伏波庙是后人为了纪念、歌颂南征交趾、平息战乱、定国安邦的东汉马援伏波将军而建。马援将军一生北出漠塞，南涉江海，战功卓著，不仅为巩固边疆、安定国家立下赫赫战功，还为促进中国岭南地区经济、社会和文化的发展，作出了突出的贡献。在马援南征途经的中国岭南沿海地区，人们为其建立庙堂（伏波庙）加以供奉。始建于东汉年间的钦州乌雷伏波庙，在南国海疆经受了两千年的风雨冲刷，与被当地渔民敬仰膜拜的三娘石一样香火不熄，体现了马援将军在人们心目中留下的崇高地位。

⊙ 乌雷伏波庙

乌雷伏波庙位于钦州市钦南区犀牛脚镇三娘湾渔村西面约3千米

处，大乌雷岭之南。东汉建武十六年（公元40年），交趾郡女子征侧、征贰举兵叛汉，攻破交趾、九真、日南、合浦等郡共27个县。公元41年，汉光武帝刘秀，"于是玺书拜援伏波将军，以扶乐侯刘隆为副，督楼船将军段志率军南击交趾"（《后汉书·马援列传》）。马援率水陆大军万余人，沿今浦北南流江经合浦，进入钦州乌雷整训后，渡海南征交趾。43年，大败叛贼于富良江（今越南），斩征侧、征贰，传首洛阳。并立铜柱于林邑（今越南中部）以标汉界，订约永不侵犯。由于马援平二征叛乱功绩卓著，汉章帝刘火旦于建初三年（78年）追谥"忠诚侯"并诏"所在皆为立庙"。乌雷是马援整训水军、精选水手的重要地，自然应诏立庙。据史料记载，清康熙十二年（1673年）春，乌雷渔民在凤凰岭（后称乌雷岭）海边打坑造船，挖出一残碑，上刻有（古隶）"伏波庙"三字，"伏"字已缺一角，还有"建武"两字。钦州现存的明嘉靖《钦州志》（1540年）记载有乌雷庙。民国三十五年《钦县县志》载，乌雷庙原建于乌雷岭上，后移建于今址。并道"唐时碑记今尚存"。这些资料表明，乌雷庙始建于东汉年间，清康熙十四年（1675年）、嘉庆年间（1796年后）、道光八年（1828年）、光绪八年（1882年）、民国十二年（1933年）、1992年、2001年都曾修葺或扩建。现庙宇占地面积达1625平方米，建筑面积近600平方米。庙内有44座雕像，特别是那7尺高的马援塑像更令人注目。祭祀时，鸣钟擂鼓，数里闻声。伏波庙与正前方相隔一线海水的乌雷炮台相望，东南面是大庙墩，航标高耸，西南面是三墩岛。清代乾嘉年间，著名诗人冯敏昌作诗《舟过乌雷门望伏波庙作》："船楼横海伏波回，海上旌旗拂雾开。古自神人当血食，谅为烈士岂心哀。山连铜柱云行马，地尽扶桑浪吼雷。漫语武侯擒纵略，汉家先有定蛮才。"高度赞扬马援将军的丰功伟绩。近两千年来，古炮台、古榕石屋和庙门对联"功高东汉，德庇南天"仍相辉映，马援的英灵成为广西沿海人民与大自然、外敌抗争的坚定信念，对他虔诚的朝拜已转化为人们祈求祖国边陲安宁、国泰民安的崇高愿望。修葺、保护和利用乌雷庙，对弘扬马援将军维护国家统一的爱国精神，研究北部湾历史文化，具有久远的历史和现实意义。

钦州三娘湾观潮节

"潮起三娘湾，壮观胜钱塘。海面雷霆聚，大潮天上来。"每年农历五月及六月中旬，到美丽的三娘湾，迎接您的是蔚为壮观、惊涛拍岸的大潮。

三娘湾景区位于美丽的北部湾畔，拥有着丰富独特的旅游资源，海豚、海湾、海潮、海景、沙滩、奇石、渔村，构成了一道靓丽的风景线。三娘湾景区不仅以拥有珍稀的中华白海豚而闻名于世，而且还以神奇、壮丽的大潮而闻名。当一年一度的大潮来临时，浪拍奇石，惊涛拍岸，浪花飞溅，涛声惊天，异石穿空，构成了一幅壮丽无比的大自然画卷。更蔚为壮观的是，风起潮涌，三娘湾潮神吐气，大潮叠细潮，后潮叠前潮，恰似千军万马迎面扑来，实为天下奇观！

⊙ 惊涛飞雪

　　三娘湾神奇大潮的形成，与其独特的地理位置有关。三娘湾位于北部湾顶和钦州湾内侧，处于一条由宽变窄、由深变浅，能量集中的积沙带上，造成海水前进的阻力增大，从而形成大潮。当潮水涌入钦州湾时，初无阻滞，后进入三娘湾海域时，因变窄而受阻，潮水前进速度大减，但紧接其后的潮水仍以排山倒海之势在其后推波助澜，前潮未尽后潮又至，以至出现"后潮叠前潮，大潮叠旧潮"之潮中潮的天下美景。同时，潮水涌入到那条长及数里、横亘海中的积沙带时，被再次层叠堆高，在连串推高叠举的冲击下，海潮怒吼喷发，形成罕见的万马奔腾、排山倒海的三娘湾大潮，气势宏伟，惊心动魄，涛声巨浪令人惊骇，素有钱塘江姐妹潮之称。

　　三娘湾大潮每次大潮形成持续时间为4～5天，每天大潮持续时间在3～5个小时。每年农历五六月份是三娘湾海域海潮潮位最高的月份。届时，你会看到双龙相扑"碰头潮"、"巨龙腾飞"、"浪拍奇石"、"水花四溅"等海潮奇观，还可以认识"五彩中华白海豚"，了解保护"五彩中华白海豚"栖息环境的知识；此外，还可以参加三娘湾户外拓展活动邀请赛、海潮海景摄影比赛、杂技表演、海豚图片展、美食节、八音队及女子民兵班表演等，置身于海豚、潮与三娘湾人文风情的交融之中。在美食街，你可以吃到新鲜生猛的海鲜等钦州名菜。在三娘湾海水浴场，你可以泡海水浴、与大海亲密接触、尽情戏水，享受大自然恩赐的海水、沙滩与阳光。

　　流火的七月有大潮，多情的三娘湾让人眷恋，淳朴的三娘湾让人难忘。以潮为媒，以潮传情，三娘湾潮"涌"出钦州，"涌"向全国。

古运河"杨二涧"的传说

在钦州犀牛脚镇西坑村龙眼山村有一个人们口耳相传的故事:"杨二有今日,天水加三尺,海水加三尺,挖一锹崩一丈,一崩崩到天大亮。"说的是村旁那条叫"杨二涧"的小河。当年民族英雄郑成功的部将杨彦迪(又名杨二)被清兵包围于九河渡,情况十分危急。得益于上天的帮助,杨二带领部下只用了一个晚上便挖通了由九河渡通向西坑江而形成的运河,通过运河逃出了清军的包围圈。

◉ 杨彦迪

考古工作者认为,运河可能是东汉伏波将军马援南征交趾(今越南)运粮和生活用品时,为躲避海上风浪和防海盗而开凿的。到明末清初时,被杨彦迪所利用。乱世出英雄。由于杨彦迪善于海战,声名鹊起,吸引了不少农渔民投靠到他麾下,因而当上了南明镇守广东龙门水陆等处地方总兵,成为郑氏政权开拓万里波涛的海上尖兵。杨彦迪率领其部在北部湾一带活动,民间流传着许多关于他的故事。"杨二涧"为杨彦迪率部并得到上天帮助所开凿,乃是传说之一。

关于"杨二涧"的来历,《钦州志》写道:"九河渡,在州东之岭门村侧,距城一百一十五里,东通大观港,西达龙门,旧传明季海寇杨二,鏨为飘劫之所,或曰伏波征交趾时,疏为运粮道。"《合浦县志》

记载："大观港有潮西，通九河江江口，有赤羊塾疍人取蚝于此。相传汉马伏波征交趾时，驻军合浦由外海运粮。苦乌雷风涛之险，及海寇攘劫之患。遂以昏夜鑿白布蜂腰之地。以通粮艘此河可通龙门七十二径直抵钦城，其鑿掘成约长七八里，阔五六丈，深三四尺，今两潮相通，但中间湮塞，此水一开实钦廉舟楫之利，明嘉靖知府张某欲鑿之不果。"

⊙ 被认为是"杨二涧"古运河的一段

据钦州市文物部门勘察，现存的"杨二涧"痕迹，长约2.5千米，深5～6米，宽4～5米。河道两岸，杂草疯长，灌木丛生。河道的一头筑了一道水坝，村民利用古运河的一段蓄水养鱼（见上图），水坝另一头的河床里，村民则种上了农作物。数米宽的河道遗迹可见一条废弃的河床，"一山一坡夹着一条长满水草的湿地，凄凄荒草下隐现着道道水痕"。"杨二涧"作为沿海古运河对研究广西沿海当时的军事、经济贸易发展具有很高的历史价值。目前，"杨二涧"已引起有关部门的关注，正采取措施对其进行考证和保护。

相信古运河的历史和文明一定会展示在人们面前。

祭拜伏波与伏波庙会

在广西东北、东南和西南部沿江沿海的地方，分布着不少伏波庙，规模及影响较大的有横县伏波庙、钦州乌雷伏波庙防城港市东兴罗浮垌伏波庙等。这主要是为以纪念东汉马援将军而设的庙宇。

马援是东汉将领，人称伏波将军。东汉建武十六年（公元40年），交趾太守苏定与当地朱鸢部落百姓发生冲突。为了稳定政局，苏定依法处死了部落领袖诗索，诗索的妻子征侧联合其妹征贰及其他部落起兵反抗，攻陷越南北部及今钦州、廉州一带的城池六十五座，征侧自立为王，建都麋泠，史称"二征起义"。建武十七年（41年），光武帝刘秀拜马援为伏波将军，率兵南下讨伐二征。马援率军从洛阳出发，经长沙，过五岭，沿漓江南下，溯浔江，沿南流江经合浦，进入钦州乌雷整训后，渡海南征交趾。沿海道向交趾进军，沿途开辟道路1000余里。公元43年，于富良江（今越南）打败二征的军队，斩征侧、征贰，并立铜柱于林邑（今越南中部）以标汉界，订约永不侵犯。随后，马援在当地开辟道路，兴办水利，推动农业经济的发展，造福于百姓，促进南疆地区社会发展。

马援平定"二征"的斗争，维护了东汉王朝的统一。汉章帝刘火旦于建初三年（78年）追谥其为"忠诚侯"并诏"所在皆为立庙"。马伏波将军的英雄事迹、爱国精神和无量功德，不仅以各种方式广为传颂，而且也被民众以立庙、举行纪念活动等方式不断延续着。明代人黄佐有诗曰："南海楼船从此去，中原冠冕至今来。武陵一曲风尘静，铜柱孤标日月回。千载伏波祠宇在，汉朝何处有云台。"马援崇拜成为一种地区性民间信仰，广西沿海尤其是中越边界的伏波庙分布十分广泛，越南民间也把伏波当作神。近两千年来，马援不仅成为广西沿海"马留人"

等族群信仰的重要对象，也是南疆人民心目中安边护国、维护民族团结的"神"。防城港市和东兴一带是中国伏波信仰最浓厚的地区。

近年来，每逢正月初四至初八，在东兴罗浮峒伏波庙都举行庙会。庙会上举行祭祀大典、降生童（隆生女）的降神祈福仪式、舞龙狮、武术表演、对歌及唱师公戏等民俗活动，还延请越南的歌手前来"唱哈"等。有防城、东兴、钦州、灵山、合浦、北海等地众多的禤、黄、施、韦等姓的"马留人"及越南边民参加。

◉ 东兴罗浮峒伏波庙会

除了"马留人"对伏波将军的信仰以外，防城港—东兴一带的京族也信仰伏波将军。东兴市江平镇红坎村人主要为阮、吴、李、刘、林等姓，皆为京族（越南称为越族）。每年正月十五夜里，全村人在长者的带领下，摆出各种供品，击鼓打锣，举行繁复的仪式祭祀伏波。在澫尾村的哈亭所供奉的神中就有一个是伏波将军。

长期以来，广西沿海地区的民众以伏波庙为依托，通过民间歌会等形式，广交中越两国各族朋友，为弘扬伏波文化、构建民族和谐做了大量的工作。伏波庙会的举行及对马援的祭祀，即是对马援在维护国家统一、边疆稳定方面的历史功绩之肯定，有助于加强边疆少数民族地区各族人民的凝聚力。而在中越边境的伏波庙、伏波庙会及各姓"马留人"的祠堂、祖墓等汉文化的因素，也成为了"马留人"联系、相聚和认同的重要纽带。

罕见的"仙人泷"
——潭蓬古运河

据《旧唐书》记载，潭蓬古运河最早开辟于汉代马援南征时，由于河段岩石难挖，当时工程未能竣工。到了唐咸通年间（860—874年），高骈任安南都护，再次募工开凿。它因位于防城港市江山半岛的江山镇潭蓬村和潭西村之间而得名，百姓称之为"仙人泷"、"天威遥"，这是因为该运河所经的仙人坳全是海石结构的丘陵，在人们的想象中，如此艰巨的工程，若非仙人实难凿开。运河平均宽25米，底宽约7米，深2米多，长约2千米，从江山半岛横穿而过，沟通了防城港与珍珠岛，是中国唯一能把两个港湾联通起来的运河。运河使往来的船只得以直航防城、珍珠两港湾，不仅缩短了航程，而且避开了江山半岛南端的波涛和海盗的袭击，船

⊙ 刻在潭蓬运河石壁上的文字

只航行安全得到保障，方便了当时的漕运，具有的重要的战略意义和经济价值。潭蓬运河与桂林的灵渠并称"广西两大古运河"。

几经沧桑，潭蓬运河已面目全非。自公元10世纪起，由于安南与宋朝交恶，运河逐渐被废弃。民国三十二年（1943年），当地修筑潭蓬基围，垦辟海湾为田，海水被堵于大堤之外，运河便成了引水灌溉潭蓬基围田引水渠的一段。1957年，当地修筑沥松水库，运河也被利用为配套水渠，灌溉着潭蓬、潭西两村2300多亩的稻田。

古人不避峭壁险峻、巨石嶙峋，不怕艰苦，凿壁开河，其智慧、胆

识、意志和毅力令人赞叹，感为神奇。当地百姓一直视运河为圣物，认为以古代的社会条件和生产技术水平，只靠人力不可能修出这条古运河，这应是神仙的造化和赐予所致。相关的民间传说和故事五花八门。但无论如何，改变不了的事实是，它确实是一条由人力而为的人工河。河岸石壁上刻有的"咸通九年……新湖南军"和水下约50厘米的石壁上刻的"元和三年"等文字，是对它已存在了一千一百多年的佐证。1981年，潭蓬古运河被列为广西壮族自治区级重点文物保护单位。现在河两端立有"潭蓬运河"的文物标志牌。

⊙ 潭蓬运河标志（1982年立）

⊙ 潭蓬运河中的一段

"皇城"与"皇帝沟"的传说

在广西防城港市，当人们提起越南明乡人时，首先想到的是郑成功属下将领杨彦迪。所谓明乡人是指清朝初年，杨彦迪、陈上川等占据广西沿海的龙门岛、光坡半岛等地反清失败后，率领军民三千多人转到越南，在南越定居后，形成一个自称明朝臣民且保持明朝习俗的华人集团。这些华裔越南人在越南被称作"明乡人"。据说当年杨彦迪率部是从防城港光坡乡沙港村的"皇城"出发的。因此，也就有关于"皇城"及"皇帝沟"的传说。

据说，明末清初，明将杨彦迪被清军追赶到防城光坡乡沙港村。为了对抗清朝，杨彦迪自立为王，称"杨王"雄居一方，在沙港村建起有围城、宫殿的"皇城"，作为活动基地。从遗址看，皇城周长约400米，高约3米，厚约60厘米，略呈椭圆形，在东西两方各设城门一个。整座城用顽石、石条和红砖砌成，还分别在城外的东北、西北、西南三个山丘上，各建岗楼一座，成犄角之势，拱卫皇城。皇城和宫殿不知何时崩塌，后人不时在殿基附近挖出许多铜钱和器皿。

杨彦迪选择此地建筑"皇城"，以防城、钦州、北海及其附近的北部湾海域为势力范围，形成了一股与清朝对抗的割据势力。为了沟通龙门海与防城港暗埠江口海面之间的交通，杨彦迪利用自然海汊，率部在皇城坳下，开凿东起钦州龙门的生牛岭、西至防城光坡镇的沙港村畚箕窝的长约12千米的海岸运河，这就是后人所称的"皇帝沟"。从时为东兴各族自治县时期的县域地图上，明显看见有一条经过皇城坳、横跨光企半岛的河流（如图标圈范围内的线条标示），这就是人们传说中的"皇帝沟"。

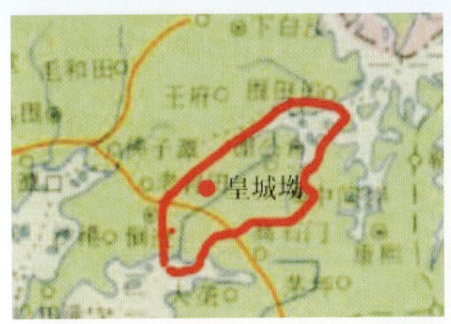 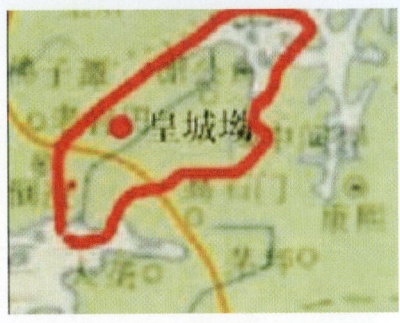

⊙ 皇城坳的位置

⊙ 广西沿海三条运河杨义涧古运河、皇帝沟古运河及潭蓬运河的关联图

　　经过几百年的淤积，至今从皇城坳南至东头接长歧干渠渡槽处的古运河，变成了宽约10米丢荒的狭窄水田绵延曲折于矮岭间，一眼望去，整条田垌面几乎同一水平面，宽度也几乎一致，荒垌两侧比较陡峭，有明显的人工挖掘痕迹。但由于难以有足以说明运河由来的考证，"皇帝沟"遗址还没有列入地方文物保护单位。现在，新修的一级公路和铁路，已经将古运河拦腰截断；皇城坳下原来的村落也破败不堪。皇城坳及"皇帝沟"都面临着被城镇建设、工业开发所填埋、覆盖的可能。

　　皇城坳及"皇帝沟"是广西不可多得的文化遗产，它记录着广西

海洋文化的众多符号，对研究广西海防文化与海商文化都有着重要的价值和意义。

⊙"皇帝沟"遗址

奇特的京族独弦琴

我国京族有一特殊的文化符号——独弦琴。独弦琴是京族独有的乐器，京族语叫"旦匏"；这也是中国冷门的少数民族民间乐器之一。2004年春天独弦琴进入了维也纳金色大厅，之后，美国洛杉矶还成立了独弦琴传播中心，新加坡也成立了的龙之声独弦琴传播中心。

传统的独弦琴十分简单，一般用竹木制作：半片大竹筒或3块木片制成长方形的琴身，琴身长0.5米到1米，宽、高分别约10厘米、8厘米，一端插一根与琴身成直角的小圆柱做摇杆，一端打一楔子，用以固定琴弦；琴弦只有一根，一头固定在琴身的右端，另一头系在琴身左端的摇杆上。古时候独弦琴的弦是最简单不过的麻绳或竹篾。

⊙ 京族哈节百人演奏独弦琴

然而，如此简单的独弦琴，却可以在仅有的一条琴弦上，同时奏出

具有柔和优美的泛音和基音，其高音清晰、中音明亮、低音丰满，表现力丰富；它奏出的曲调深邃地表现出各种悠长抒情的旋律，既能以袅袅颤变的声音细腻地描绘大自然的美景，也能如诗人吟咏般抒发人们的思想感情和内心世界。欣赏独弦琴的表演，在指弹手扶间，琴声悠悠中，你会自然沉浸入不同的音乐境界：或风平浪静，或波逐浪涌，或柔情似水……给人一种甜美感。

⊙ 存放在哈亭里的大型独弦琴

随着时代的发展，独弦琴音乐也得到了传承和创新。从20世纪60年代初，东兴民族歌舞团系统收集整理京族曲谱，使口耳相传的独弦琴音乐有了成套的乐谱。同时，音乐家们成功地用红木、紫木等特质木料做琴身，用牛角制摇杆，给琴弦装上拾间器，再配置扩音设施，使独弦琴的音色变得更加柔美、典雅，声音显得更加清朗、悠扬、悦耳。独弦琴的创新发展促进了其乐曲的流传，如《高山流水》《相思曲》《摇网床》和《渔家四季歌》等曲目流传甚广，深得人们喜爱。

随着时代的进步，京族独弦琴也在续写着其"奇"与"特"。在京族哈节上，百人独弦琴表演成了一道特别的风景线。长达五米的世界最大独弦琴的成功制作与演奏，也成了奇观。

京族百名少女演奏独弦琴

京族独弦琴的传说

当你听到独弦琴由一根弦演奏出委婉如歌、幽雅动听的曲调时，一定会在惊奇之余打听独弦琴的来由。在民间，京族独弦琴有着美丽动人的神话故事。

（一）

据说，独弦琴是南海龙宫的仙琴，琴弦是南海龙王七公主的寿命仙发接的。相传鲨鱼精看上美丽聪慧的有琴仙之称的七公主，便向南海龙王求婚，由于鲨鱼精平时为非作歹，南海龙王及七公主都不同意这门亲事。鲨鱼精求婚不成怀恨在心，于是盗走了龙宫的蜈蚣笛，窜到美丽的京族三岛兴风作浪，搞得人间乱糟糟，破坏了人们安宁平静的生活。七公主奉龙王之命，抱着独弦仙琴来到京族地区降伏了鲨鱼精。鲨鱼精败后不甘，伺机报仇。一天鲨鱼精趁卫兵松弛而七公主睡着的时候，将独弦仙琴的弦弄断，并把七公主的头发拔得只剩下一根。七公主为了独弦琴能继续弹奏，舍命拔下最后一根寿命仙发，接上了独弦琴。由此有独弦琴是仙人所授之说，一代一代传下来。

据说，仙发接起的独弦仙琴，具有神奇的功能：

"弹得瞎子眼复明，弹得聋子耳朵灵。

弹得跛子好了脚，弹得哭声变笑声。

弹得后生洞箫又吹了，弹得姣姣琴声又响了。

弹得大叔螺号更动听，弹得婶婶又把舞来跳。

弹得哑巴又唱歌，弹得昏睡的人又醒了。"

（二）

传说古时候，京族居住的小海湾有个名叫石生的孩子。石生从小失去双亲，孤苦伶仃，每天上山砍柴，靠烧炭卖钱为生，常常吃了上顿没下顿。有一天，小石生饿着肚子把刚做好的饭让给了装扮成老乞丐的神仙吃。老乞丐见小石生善良厚道，送给他一把钢斧，并对他说，"这是我祖传宝物，可以砍柴，也可以降魔，遇危险时，挥动钢斧，念诵咒语，可保你平安无事。"说罢，老乞丐不见了。小石生用钢斧砍柴，得心应手，生活倒过得快活。一年年过去，石生长大成了小伙子。

小海湾附近有座山，山中的洞里住着一个蛇精，经常出没于周边的村庄，危害百姓。一天，蛇精变成一只大鹰，把在王宫花园游玩的公主叼走了。当大鹰叼着公主飞过石生住的榕树时，被石生发现，石生拔箭就射，射中了大鹰的翅膀，负伤的大鹰死死地抓住公主逃回了山洞里。山洞里漆黑一团，深不可测，石生不敢贸然下去。便找来结拜兄弟阮通帮忙，用绳子把自己吊下洞里，趁蛇精伤痛昏睡未醒，把公主救了出来。公主被救后，阮通为了独自得到封官领赏，用石头把洞口封了。石生在洞里等来等去却不见绳子放下来，洞口却变得黑乎乎了，他猜想一定是上面的人使坏要把他置死于洞。不久，蛇精醒来发现石生，却不见公主，得知是石生救了公主，便向石生猛扑过去，石生毫无畏惧，拔出钢斧与蛇精打了起来，不出几个回合就把蛇精砍死了。由于洞口被堵住了出不去，石生便在洞穴里四处寻找出口，突然发现一个铁笼，里面装着一个人，石生通过盘问，得知是海龙王的儿子，因前几天在海岸边玩耍，被蛇精捉来关入笼子。他劈开笼子，救出王子。王子知道洞穴与大海相通的路线，便带石生逃回了龙宫。王子将自己被蛇精捉去和石生救他的经过告诉了父王。海龙王为了感谢石生，盛情邀请石生在龙宫做客。石生答应龙王的请求，与王子周游四海。

一天，石生在龙宫藏宝阁发现一件物品，外观为不规则的长方形，匣状，长约100厘米，宽12厘米，高8厘米，右端稍宽，置一角质杆，张一根龙须作弦。石生用手摸了一下弦，发出了柔和纤细而又极为悦耳的声音。石生有生以来第一次听到如此动听的旋律，喜爱上了这物件。

龙宫生活虽好，但石生总惦记着曾患难与共、朝夕相处的乡亲们。于是就向龙王和王子辞行，海龙王见他执意要走，无法挽留，便让他挑选一些宝物带回家。石生什么金银宝贝都不要，只向龙王提出要藏宝阁墙上挂的会发出美妙声音的物件。龙王满足了石生的要求，把独弦琴送给了他。王子告诉石生，"这独弦琴是四海龙王祖上留下的宝物，弹起它，能消愁解闷、逢凶化吉……"然后，依依不舍的送别了石生。

⊙ 京族博物馆展出的独弦琴

石生从龙宫回来后，还是砍柴烧炭，快活地过日子。

公主被救出洞后，为石生的生死着急，连哭带喊地要去找石生，嗓子哭哑了，人也哭晕了，一直昏迷不醒。阮通则因救公主有功做了大官，得知石生回来，害怕事情败露，便把皇宫的珠宝偷偷放到石生的住处，陷害石生并把他抓进牢房。含冤入狱的石生半夜醒来，想起龙王王子告诉他的独弦琴的妙用，弹起随身带来的独弦琴。独弦琴美妙的声音在夜空中传播，唤醒了昏迷中的公主，她的嗓子也好了。公主高兴地对

皇帝说，"父王，我醒了，你听这琴声多好听啊！快去看看是谁在那里弹奏呢？"皇帝循着琴声来到牢房，见到石生在弹琴，便打开石生的枷锁，将他带回皇宫。公主一见石生，抑制不住情感，哭泣着向皇帝诉说石生救她的经过，要求皇帝恩准她与石生结为夫妻。皇帝被石生对公主的真情所打动，把公主许配给石生。

石生与公主成家后，不忘助人为乐，常常为乡亲们弹奏独弦琴，给他们送去福音。独弦琴成了幸福的象征，深得京族人民的喜爱。

京族三岛的传说

在京族三岛地区，有那么一个世代相传的故事：很久以前，北部湾海上白龙岭的石洞里，住着一只修炼多年的蜈蚣精，占洞为王，兴风作浪，过往海峡的船只经常被它掀翻，随船的人都被它吃掉。附近的渔民对蜈蚣精非常恐惧。此事传到天宫，天宫派出镇海大王下到凡间镇妖。镇海大王到白龙岭后，反复用泥土、顽石封填的办法，欲将蜈蚣精封灭在洞里，但都未能成功。于是，镇海大王就想出一个把蜈蚣精引出洞外消灭的办法。他乔装打扮成乞丐，背着一个大南瓜要乘渔民的船只出海，以伺机在蜈蚣精兴风作浪时设法把它除掉。渔民见他是个乞丐，觉得与其同行不吉利，不让他上船。镇海大王反复向开船的渔民苦苦哀求，渔民只好同意他随船出海。

出海后，镇海大王便用火煨煮大南瓜。当船行至白龙岭附近时，早已等候在那里的蜈蚣精，呼风唤浪，欲吹翻船只，好吃掉落入水中的人。就在这船翻人亡的紧急关头，镇海大王默念定风口诀，定住动荡摇晃的渔船，迅速将煨得滚烫的大南瓜掷到蜈蚣精口中，饿肠饥肚的蜈蚣精把灼热的大南瓜当作人，一口吞到肚子里，被活活烫死。死前，蜈蚣精拼命挣扎，身体折断为三截，随波浪漂浮沉积下来变成了巫头、山心、万尾三岛。京族的祖先为了纪念镇海大王为民除害的功德，建哈亭唱哈歌来祭拜镇海大王。

蜈蚣精死后，这一带的海域再没有妖怪伤害老百姓了。斗转星移，三岛上慢慢地出现了移居的渔民群体，也就是最早的京族聚居部落。

独特的京族民俗习惯

京族人民有独特的海洋生产习俗。他们长期耕海，主要以拉网、刺网、塞网、渔箔、鱼笼等传统捕捞工具在近海作业，杂海渔业则以较为原始的竹筏、麻网、鱼钩、鱼叉、蟹耙等工具从事简单的渔业生产。在渔村和海滩上给人们留下深刻印象的是各式各样的渔具：拉网、刺网（定刺、流刺、旋刺）、塞网，还有专门针对特定捕捞对象的鲨鱼网、南虾网、海蜇网、鲎网、墨鱼网等。其中拉大网是京族最有特色的近海渔业方式，也是京族的大型群体性渔业生产方式。渔箔是京族渔猎生产中独特的传统设施。京族人民在捕鱼中还出现"寄赖"现象，无论是谁，看见深海捕鱼的渔船满载归来，都可以带上鱼篓到船上"寄赖"三五斤鲜鱼。

京族的节庆除了和汉族相同的春节、端午节、中秋节外，还有其特有的民族节日"哈节"、"中元"、"食新米节"等。其中最隆重、最热闹的节日是"哈节"。"哈节"每年都举行，各村日期不一。澫尾在农历六月初十，山心岛在八月初十，巫头、红坎村在正月十五。"唱哈"是京语唱歌娱乐之意，每逢唱哈节，京家男女老幼身着节日盛装，汇集到哈亭听哈之前迎神、祭祀，祈保渔业丰收，人畜两旺。哈节的活动过程，大致分为迎神、祭神、入席唱哈、送神四个部分。"哈节"在"哈亭"中举行，各地都建有"哈亭"。"哈亭"选用上等木料来建，结构牢固，屋顶的屋脊正中塑有双龙戏珠的喜庆形象装饰。哈亭内分左、右偏殿和正殿；正殿上设有京家人信奉的诸神神座。殿内的柱上都雕写着具有民族习俗特色的楹联或诗词。

⊙ 哈节上"哈妹"跳"敬香"

在节庆中,京族的物品、祭品都离不开鱼类、鱼制品和糯米糖粥。每年农历腊月二十至二十八日,"网头"往往率领"网丁"拜神,做"年晚福"仪式,祈求海公海婆保佑来年海上平安,生产丰收顺利。

⊙ 京族民俗哈节唱哈

⊙ 京族民俗哈节祭神仪式

⊙ 京族民俗哈节迎神仪式

京族人的服饰简朴美观。妇女着窄袖紧身开襟无领的短上衣，长而

宽的黑色或褐色裤子，外出时穿窄袖、白色、类似旗袍的长外衣。袒胸处则遮一块绣有图案的菱形小布称"遮胸"或"掩胸"，年轻人用红色，中年人用浅红或米黄色，老年人用白色或蓝色。少数老年妇女结"砧板髻"，即头发中分，两边留"落水"，结辫于后，用黑布或黑丝带缠着，再盘绕在头顶一圈。男子上衣长及膝盖，窄袒胸，裤子阔而长，腰间束一二条彩色腰带，有的束五六条之多，以腰带的多少显示自己的富裕或能干。

在饮食习俗上，京族人以大米为主食，红薯、芋头为杂食，喜食鱼、虾、蟹、鱼汁及糯米制品。"鲶汁"（鱼露）、"鲺丝"和大米糍粑"风吹饼"是京族最有特色的食品。旧时京族妇女还爱嚼槟榔。渔家平时以小鱼腌制的一种调味汁，叫"鲶汁"，是京族地区独特的产品之一。

京族男女有对歌踢沙、"对屐"配偶的婚姻习俗。

京族的降生礼俗颇有特点。婴儿出生后，家里人将婴儿的出生时间写在红纸上，附封包请"格古"（村里长老）或算命先生"占吉"，俗称"定花根"。若占出婴儿带"煞"，其"煞"属人间的某姓人氏或自然物或诸神，就请法师念咒祈祷，要拜其中之一为"契爷"（义父），以"解煞"，谓之"认契爷"，契爷要给婴儿取契名。此外，在婴儿降生后，女婿家要以红纸书写"庆诞"喜报，附以槟榔、柏枝、橘子、糖果之类的吉祥物，送到岳父、母家，俗称"报姜"，也叫"送庚"。外公外婆在婴儿出生第十二天后，将喜讯通报亲朋好友，携带土鸡、猪肉、粽子、糯米甜酒、婴儿新衣、爆竹等物到婿家祝贺，叫做"送姜"。

京族的宗教信仰为多神教，兼信道教、佛教，也有部分人信天主教。"京族三岛"最大的庙宇是灵光禅寺，寺内的铜钟铸于1787年，内奉观世音菩萨。此外，也还有三婆庙（内奉观世音，妇女多到此求子）、伏波庙（内奉汉伏波将军马援）。京族男子每次出海，老人、妇女、孩子都要到海滩上送行，并举行一些祭海活动。

京族的传统住房是草庐茅舍，称"栏栅屋"。其墙壁是用木条和竹片编织，有的再糊上一层泥巴，或用竹篾夹茅草、稻草等作墙壁。屋顶

盖上茅草、树枝叶或稻草。为防风吹，屋顶还压以砖块、石块。新中国成立后，京族的"栏栅屋"纷纷为"石条瓦房"所代替。这种房子是用长方形灰白色石条砌的墙建成，更好地起到防风抗潮的作用。改革开放以后，京族村民大部分盖起了钢筋水泥结构的楼房，室内设施非常整齐、美观。房屋的周围一般都种有果树、竹林、剑麻、万年青、仙人掌、椰子树等，既美化了环境，又可防风避沙。

受信仰习俗多元格局的影响，京族有着生产、生活方面的禁忌：

在生产劳动中：在胶新网和缀织渔网时，忌他人走近观看和讲话，认为此网会因此而捕不到鱼；渔网放在海滩上，忌人从上面跨过；新造的竹筏下水之前，忌讳别人坐在上边；请人装渔箔时，忌煮生鱼或焦饭；忌在渔箔里大小便；坐船忌双脚垂在船外悬吊，忌在船头烧香拜神的地方坐人；做海的人，忌出入产妇的房屋。

日常生活中：在船上，忌把饭碗倒覆而放，忌汤匙紧贴碗边拖过，认为这样渔船会有搁浅、翻船的危险。孕妇不能进哈亭、不能上船、跨网等；孕妇怀孕半年以上，则忌讳在孕妇的房内剪东西。移动器物要拿起来，不能推拖着移动，因为有"搁浅"之嫌。

语言上：渔家做海最怕触礁，煮饭做菜皆忌烧焦，因为"焦"与"礁"同音。出海作业要"游水"说明出现意外事故，是不吉利的，所以做菜用的油不能直说"油"，而要改说"滑水"，寓意"顺当"。

京族的文化艺术有自己的特点。京族口头流传的民间故事和神话传说主要有《镇海大王》、《宋珍和陈菊花》、《田头公》、《计叔》、《刘二打番鬼》等。汉族的民间故事《梁山伯和祝英台》、《董永的故事》等也在京族地区广泛流传。"京戏"是京族传统的戏剧，又称"嘲剧"，独具民族特色。传统剧目有《阮文龙英勇杀敌》、《等红娘》等。汉族的古典戏《二度梅》等也在京族地区流传。

京族传统的民间舞蹈主要有"跳竹杠"、"跳天灯"、"跳乐"和"花棍舞"等。此外，还有现代题材的舞蹈——"摇船舞"、"纸马舞"、"酒舞"、"天灯舞"等。独弦琴是京族特有的民族乐器。独弦琴琴身用大半个竹筒或长方形的木匣做成，长约三尺半，一端插上一根圆木柱子与琴身垂直，另一端以把手系上一条弦线，与小圆柱子相连，即成独弦琴。独弦琴的音量较小，曲音清雅。奏时，用一根小竹片拨弦线，弹出的声音娓娓动听。"独弦琴"和京族人的"唱哈"、"竹杠舞"同被誉为京族传统文化的三颗珍珠。

⊙ 京族竹杠舞

"龟蛇守水口" 之炮台

古代，为了巩固海防，抗御外来侵犯，当政者在广西沿海修筑了许多炮台。如清康熙五十六年（1717年）修建的钦州乌雷炮台、鹰岭炮台，防城港企沙石龟头炮台；清光绪年间（1880—1894年）修建的北海地角炮台、冠头岭炮台、防城港白龙炮台等。这些炮台被清政府统一列入北部湾沿岸和中越边境东西长约1200千米的"连城要塞"范围。经过历史的变迁和环境的变化，有的炮台已毁坏，有的炮台已荒废，遗址夷为平地。至今保存得相对完好的有白龙炮台和地角炮台。

历史上，国防位置显赫，有"龟蛇守水口"之称的是与越南隔海相望的防城港白龙炮台和石龟头炮台。两炮台之所以有"龟蛇守水口"之称，乃是白龙炮台和石龟头炮台一东一西，恰似犄角之势，互相呼应，虎视大海，形成"龟蛇（龙）守（锁）水口"，共同把守着北仑河口和防城江口的原因。

石龟头炮台遗址在一个20多米的独立小山丘上，向海的一面有块凸出的青黑色礁石，像个被镇住的石龟，故有石龟头炮台之名。石龟头炮台在清朝末年就荒废了。当年侵华日军就是从石龟头炮台登陆的，站在被杂树蔓藤所覆盖的遗址中，会令人体验到那段"有海无防"历史的可悲。

白龙古炮台位于江山半岛白龙尾尖端，即在白龙尾半岛濒临海滨的四个小山包上，筑建了"白龙台"、"艮坑台"、"龙珍台"、"龙骧台"四座炮台，总称为"白龙炮台"。目前白龙炮台只剩下"白龙台"，炮台气势魏巍壮观，炮台的正面门楼用方条石砌成，门楼前设有多层阶梯，门楼中央嵌着用楷书镌刻的炮台名称的青石板。拾阶而上，拱门上端的大理石板上赫然写着遒劲雄浑的"白龙台"三个字；从门口进入一条不

足50米长的小坑道后，便到了长约9米，宽约5米，高约0.8米的半月形露天炮座发射台。发射台装配有英国造的长约四米，重约六七吨，口径约20厘米的大型火炮。炮座底下为深6米的地下兵库和弹药库。

⊙ 白龙古炮台

⊙ 白龙炮台旧址

　　白龙古炮台虽由于长年累月日晒风吹雨淋，年代久远缺少修葺，周围青苔绿苔点点、芳草萋萋，显得破旧不堪，生铁打造的大炮也已锈迹斑斑，却掩盖不了其傲然朝向碧波万顷大海的威武雄姿。白龙古炮台现为防城港市爱国主义教育基地，每年都有不少青少年和成千上万的游客到这里领略风光和考察文物，并接受爱国主义教育。白龙古炮台就像一座历史丰碑，耸立在人们心中。

⊙ 北海地角炮台旧址

海上胡志明小道

当你来到中国西南边陲港口防城港，你也许不会想到这里曾是一个名不经传的军用小港——"海上胡志明小道"的起始港。所谓"海上胡志明小道"是指20世纪60年代末，中国人民为了抗美援越，把战争物资顺利送往越南和柬埔寨前线而开辟的一条海上隐蔽交通线。它是由周恩来总理提出，经毛泽东主席批准建设的。1968年3月22日，中共中央下文决定在广西建设一个战备港口，最后

⊙ 当年的海上胡志明小道

选定防城县渔万岛仙人湾（今防城港北码头0号泊位）作为港址，命名为"广西3.22工程"。工程包括建设2000吨级和500吨级浮码头各一个，船厂、油库、公路等港口设施项目。工程历时一年多。

1972年8月，防城港正式担负起转运援越物资任务，从防城港0号泊位，到越南的海防港。运输船舶沿着海岸线，绕过水雷区的封锁，穿过海面上兀立的山峰和海底众多的暗礁，借助潮汐涨落和群山遮掩，躲过美国军舰和飞机的轰炸和炮击，把援越物资源源不断送往越南，成为隐蔽的水上运输通道和海上生命运输线。它被越南人民称为"海上胡志明小道"。防城港获得越南授予的抗美救国"一级抗战勋章"和用越文写着"越中两国人民之间团结战斗的伟大友谊万古长青"的锦旗。

越南战争结束后，1974年，国务院批准将"海上胡志明小道"的起始港——防城港逐步扩建为对外开放的贸易港口，从而揭开了"广西3.22工程"神秘的面纱。1976年7月，防城港列入国家重点建设大中型项目。1983年7月，防城港经国务院批准为"对外国籍船舶开放口岸"。随着改革开放开发的不断深入和发展，防城港如今已建成为亿吨大港。"海上胡志明小道"已发展为前往东南亚国家乃至世界各国的海上通道。

⊙ 海上胡志明小道的起点

在原"海上胡志明小道"上的下龙湾至海防这段航线，下龙湾景区已成为颇有影响的海上"国际红色旅游"线路，下龙湾航线成为我国通往越南下龙市距离最近、最便捷的海上跨国航线。从防城港乘坐高速客轮，4个小时即可抵达越南下龙湾，90海里的航程，走的是遮蔽好风浪小的海域，途经江山半岛、京族三岛，旅途的大部分时间都在世界自然遗产越南下龙湾风景区内，整条线路集人文景观和自然风光于一体，令人回味无穷。

当年的"海上胡志明小道"的起始港，今天的中国南方大港防城港，承载着建设新海上丝绸之路的重任，正以更加开放的英姿走向全世界。

🔵 海上胡志明小道的起点

东兴罗浮峒伏波庙

　　近年来，每年的正月初四至初八，在距离中越边境界河——北仑河约500米的东兴市东郊罗浮峒伏波庙里，往往人来人往，空前热闹，那是中越边民在举行祭祀大典、舞龙狮、对歌及唱师公戏等一系列独具特色的民俗活动，吸引了众多中越边民和海外游客，以及来自中国和日本的专家学者。

　　罗浮峒伏波庙位于东兴市罗浮村金龟岭，建于明朝，至今多次重修，历经三次搬迁，是目前中国大陆最南端、最接近边境的伏波古庙，也是广西北部湾地区较有影响的伏波庙之一。该庙是为了纪念、歌颂南征交趾、平息战乱、定国安邦的东汉马援伏波将军而建。伏波将军马援不仅为巩固边疆、安定国家立下赫赫战功，

◉ 东兴罗浮峒伏波庙大门

还为促进中国岭南地区经济、社会和文化的发展作出了突出的贡献。在马援南征途经的中国岭南沿海地域，甚至越南的一些地区，人们为其建立庙堂（伏波庙）加以供奉，进而演绎和积淀了丰富多彩的伏波文化，包括历史文化、宗教信仰、思想道德和民风民俗。伏波将军马援是广大民众心中惩恶扬善的"伏波大神"。每年的正月初四至初八，这里都会举行盛大的庙会纪念伏波将军马援及其将士。

　　远看伏波庙大门左侧，醒目地挂着"防城港市民间文艺家协会伏波文化采风研究基地"和"广西民间文艺家协会伏波文化采风研究基地"两块牌匾。走近大门，一副对联映入眼帘："伏波庙门天坠玉成宝，罗浮圣景地生银发金"。庙宇内，四周是简易粉刷得不均匀的白墙，墙上有年久失修的斑驳痕迹，墙角覆盖着墨绿色的青苔，凹凸不平的水泥地板上堆积着一层厚厚的泥土。庙宇正中供奉着马援伏波将军的神像，旁边堂屋的墙上挂着一幅《伏波将军安边图》。整座庙宇简朴、陈旧但不失整洁。

　　近年来，每逢正月初四至初八，当地群众都会在此举行一系列的民俗活动。人们在伏波像前摆上各色供品，举行祭祀大典、降生童（降生女）的降神祈福仪式以及舞龙狮、武术表演、对歌及唱师公戏等活动，还延请越南歌手前来"唱哈"等。庙会上有来自防城、东兴、钦州、灵山、合浦、北海等地众多的禤、黄、施、韦等姓的"马留人"及越南边民参加庙会。祭拜仪式结束即开始入席乡饮，村民们端出鸡、鸭、鱼等等美味佳肴，在庙内庙外开怀畅饮，气氛融洽而热烈。罗浮峒伏波庙会体现出了与中国其他地方庙会所一样具有的祭神、飨饮、娱乐等功能。随着中国—东盟自由贸易区的建立，民族间国际交往的频繁，这种民间信仰的祭祀活动进一步促进了民族与国家之间的交往。

古朴幽雅的簕山古渔村

　　从防城港码头出发，往港口区企沙半岛方向走约25千米，有一个面朝大海，背靠古堡幽林的小渔村，这就是簕山古渔村。渔村不大，整个村庄占地约400亩，有73户约290多人，都姓李。村民素以"耕海"为生，民风纯朴，生活悠闲安逸。村子南面为一片方圆数10平方千米的沙质台地海滩，那里盛产沙虫、鱼、虾、蟹、鲎、牡蛎、海螺；村子北面是一个长满红树林的海丫，村北靠一片拥有陆地红树林——千年银叶树的古树参天、有珍稀树种30多种之多的百亩滨海原始森林；还有建于明朝的李庄古堡，整个村子古木清幽，礁石魔幻，岗楼威赫，是一个具有独特幽林、古堡、碧海以及渊远村史文化的自然村，是广西现存较完整的古渔村之一，是北部湾的天然观潮点之一，也是防城港市著名的旅游景点之一。

⊙ 簕山古渔村
中的古建筑

"簕山"的名字来源于一个美丽的传说，据李氏族谱记载，这是一片"蟹地"型风水宝地，海富景美，生长着一种神奇的树叫簕，能治百病，被称为"神药"，于是命名为"簕"。为纪念簕树奇缘，牢记簕树功劳，这村取名为簕山。

⊙ 簕山古渔村中的古建筑

簕山古村始建于明末清初，至今已有300多年历史。当时出于防范海盗、据险自保的需要，祖上依八卦玄理而建。村内四条街巷，曲折回旋，有生路和死路，不会走的能进不能出。在村中央的一座青砖黛瓦，苔迹斑斑大古宅前，悬挂在堂前是"柱史家声远；青莲世泽长"的木刻对联，写出了李氏家族悠久的历史渊源。转过几条青条石铺就的巷道，就能看到村子里那片古木参天的滨海原生态森林。林区树影婆娑，用条石铺就的林荫道纵横交错。行走在清幽的林间阡陌间，一阵阵林木香风扑鼻而来，让人心旷神怡，仿佛又置身于另一个安逸舒心的世界。据资料显示，此片原生态森林，有上千年的银叶榕、古榕树、车辕树等品种繁多的奇树。银叶榕在全国目前仅存51棵，而这一珍贵稀有的物种在簕山村就有5棵，其中最老的已有1400多年。林内古榕奇异攀生、姿

态各异。海边一棵曾被台风刮倒并连根拔起的古榕树，凭借顽强的生命力，在沧桑巨变中发新根抽新枝，形态别致，姿如蛟龙。林内保存良好的一大片车辕树气势磅礴，直耸云天。古树在台风来时不仅能抵御狂风巨浪，还能沉积沙石，默默地在泽福世世代代的簕山村民。村民还特地建了防浪堤来保护这些古树。

⊙ 簕山古渔村中的古树林

从簕山古民居和滨海原生态森林出来，就到了海边。受海浪日久的侵袭，这里有姿态各异的海岸礁石，其形状十分奇特，是古渔村一道亮丽的自然风景线。在享受习习凉爽海风的同时，依城墙般的防浪堤极目远眺，大海一片湛蓝，风帆点点，天水一色，浩淼无涯。近处海滩，礁石魔幻，怪石嶙峋。人们纷纷走进海滩、怪石，在簕山与大海中留下精彩的瞬间。

簕山古渔村是广西现存较完整的古渔村之一，具有较深厚的历史文化底蕴，是北部湾沿海渔村历史发展变迁的一个缩影，对研究古渔村历史文化具有重要的参考价值。站在渔村的观海楼上，看着微黄的沙滩、白色的浪花、蓝蓝的海水，迎着微微的海风，置身于沧桑的岗楼、墙体斑驳的古城中，我们与古老的渔村一起共同演绎那人与海和谐共处的光辉。

⊙ 观海楼远景

⊙ 沧桑的岗楼

箩山古渔村观潮节

"五月初五睇大潮，初一、十五睇大潮"，自古以来，箩山古渔村的大潮大浪就与村与人朝夕相伴，代代共存。

每年自5月下旬开始，印度洋上形成的西南季节风便开始生成，随即越来越强大，然后以千钧之力从遥远的大海积蓄到箩山古渔村的岸边，怒吼咆哮拍岸而起，冲过树梢，飚向苍穹，甚至高达20米以上，磅礴气势，实在让人叹为观止。

箩山古渔村位于祖国大陆的最西南端，是祖国大陆迎接西南季风的最前沿大门户，这里地处光企半岛最东端，拥有潮浪带1千米以上，岸线陆地横挡海中，奇礁异石强拦村前。每当风起时，便是巨浪滔天，惊涛拍岸，响声如雷，气吞万里如虎。此时，箩山古渔村的古屋、古树以及村中的炊烟袅袅，岸边悠然自得的行人便与浪共舞，此时此景无法用一个"美"字来描述。在箩山古渔村，每年可观潮时间长达6个月，即5—10月；最佳观潮为5、6、7、8四个月份；每个月有两个大潮期，每个大潮期为5天左右。

近年来，随着箩山古渔村明代古宅、银榕堤、车辕古林、邀月台、云海亭等一系列的原生态奇观和历史人文景点的开发和包装，一个具有滨海特色的新农村展现在人们面前。自2010年6月起，箩山开始启动了"与浪共舞"观潮节（民间）活动。箩山古渔村观潮节以古村大潮为背景，以"古"及"渔"文化为策划的重点，设置为民俗、民乐两大块，其中包括拜社、祭海、渔家婚俗、文艺表演、场景观潮与浪共舞、婚纱摄影等，全面展示了箩山古渔村勤劳和纯朴的渔家风情。观潮节的举办进一步宣传了古渔村品牌，凭借"古"韵味、"渔"文化，"纯"民风及天文大潮引来了近万名游客前来游览，推动了港口区滨海旅游经济发展。

⊙ 大潮涌动

⊙ 欢乐的疍家女

防城港国际龙舟节

　　龙舟竞渡又称"赛龙舟"、"划龙船"、"龙船赛会"。"五月五日天晴明，杨花绕江啼晓莺。使君未出郡斋外，江上早闻齐和声。""鼓声三下红旗开，两龙跃出浮水来。棹影斡波飞万剑，鼓声劈浪鸣千雷。鼓声渐急标将近，两龙望标目如瞬"，"锣挟鸣涛鼓骇雷，红旗斜插剪波来。锦标夺到轩腾处，风卷龙髯雪作堆。"古人的诗句将几百年前龙舟竞渡的热闹场面跃然纸上，而诗中所描述的情景每年端午节前后也在广西防城港市西湾海域重现。

⊙ 划动中的龙舟

　　防城港市国际龙舟节的前身是港城中越（民间）龙舟邀请赛。首届港城中越（民间）龙舟邀请赛于2004年举行，一共举办了五届。自2009年起，每年端午节，防城港市举办国际海上龙舟节。

　　龙舟赛是龙舟节的重头戏之一，举办地点是防城港西湾海域。西湾海域海面平阔，水流平稳，不受涨退潮及洪涝影响，7千米长的海堤、海岸和0.7千米长的跨海大桥主桥，处处均可观看比赛全过程。每次参加龙舟节比赛的都有来自国内外的比赛队伍，参赛队伍多，阵容强大。赛时，碧海蓝天之下，龙舟飞渡，恢宏的跨海大桥上，数万观众欢呼雷动，场面蔚为壮观。比赛当日，万民空巷，在长达7千米的海堤海岸和西湾跨海大桥上，挤满了前来观看比赛的群众，每年的比赛现场观众达6万人左右。期间，观众既可以一睹烧香祈福、龙舟点睛、健儿祭海等极富历史内涵和传统古韵的龙舟活动仪式，还可以享受到防城港市名优特产品展销、美食街及旅游推介、防城港市非物质文化遗产及民间体育大汇展、北部湾（防城港）搏击王擂台争霸赛、海上摩托艇表演等丰富多彩的活动。

齐心协力划龙舟

防城港国际龙舟节举办几年来，"海上龙舟"赛事规格越办越高，参赛阵容越来越强，观赛群众越来越多。"海上龙舟竞技"已成为防城港市响亮的文化品牌和具有浓郁地方特色的文化名片，有力地促进了防城港市与东盟国家的交流与合作，提升了该市的知名度与影响力。

⊙ 防城港国际龙舟赛

参考文献

一、古籍部分

［1］（南朝宋）范晔：《后汉书》，北京：中华书局，1982年版。

［2］（东汉）杨孚：《异物志》（卷八十四），广州：广东科技出版社，2009年版。

［3］（后晋）沈昫等：《旧唐书·地理志》，北京：中华书局，1975年版。

［4］（唐）刘恂：《岭南录异》，广州：广东人民出版社，1983年版。

［5］（宋）范成大撰、严沛校注：《桂海虞衡志校注》，南宁：广西人民出版社，1986年版。

［6］（宋）周去非撰，屠友祥校注：《岭外代答》，上海远东出版社，1996年版。

［7］《崇祯廉州府志》，《日本藏中国罕见地方志丛刊》，北京：书目文献出版社，1992年版，据日本内阁文库藏明崇祯十年刻本影印。

［8］《廉州府志》（明崇祯十年版），合浦博物馆藏石印本。

［9］（明）张国经：《廉州府志》，北京：中国书店出版社，2002年版。

［10］（明）黄佐：《广东通志（嘉靖）》，广东省地方志办公室誊印本，1997年版。

［11］（明）林希元，陈秀南点校：《钦州志（嘉靖）》，政协灵山县委员会文史资料委员会，1990年翻印。

［12］张埕春、陈治昌等编修：《廉州府志》，清道光十三年版。

［13］（清道光）《廉州府志》，选自广东省地方史志办公室辑：《广东历代方志集成 廉州府部（全12册）》，广州岭南美术出版社，2009年版。

［14］（清）屈大均：《广东新语》，北京：中华书局，1985年版。

［15］（清）朱椿年：《钦州志（道光）》，广西钦州市钦南区档案馆藏。

［16］（清）梁鸿勋：《北海杂录》，香港日华印务公司，1905年印。

［17］（清）周硕勋：《廉州府志（乾隆）》，梅苍书屋，清乾隆二十一年（1756年）刻本。

［18］许瑞棠：《珠官胜览》，合浦博物馆藏影印本。

［19］陈德周等撰：《钦县志（民国）》，广西钦州市钦南区档案馆所藏石印本，钦州市地方志编纂委员办公室，2011年重印。

［20］（清）冯敏昌：《采珠歌》，选自《合浦县志》（卷6文征），民国三十一年版。

［21］廖国器主编：《合浦县志》，民国三十一年版，广西合浦博物馆藏石印本。

［22］黄知元：《防城县志》（民国三十四年），广西防城港市防城区方志办藏。

［23］（清）张之洞：（光绪）《广东海图说·总叙》，《中国边疆史志集成·海疆史志》（第24册），（北京）全国图书馆文献缩微复制中心，2005年版，第111～113页。

二、综合性资料

［1］灵山县志编纂委员会：《灵山县志》，南宁：广西人民出版社，2000年版。

［2］北海市地方志编纂办公室编：《北海市志》，南宁：广西人民出版社，2001年12月版。

［3］钦州市地方志编纂办公室编：《钦州市志》，南宁：广西人民出

版社，2000年版。

[4]防城县志编纂委员会：《防城县志》，南宁：广西民族出版社，2000年版。

[5]桂平县志编纂委员会：《桂平县志》，南宁：广西人民出版社，1991年版。

[6]防城港市地方志办公室编：《防城港年鉴2010》，南宁：广西人民出版社，2011年版。

[7]潘乐远等：《合浦县志》，南宁：广西人民出版社，1994年版。

[8]北海年鉴编辑委员会编：《北海年鉴》（2000年卷），南宁：广西人民出版社，2001年版。

[9]广西壮族自治区通志馆编：《广西市县概况》，南宁：广西人民出版社，1985年版。

[10]北海市人民政府编：《北海市地名志》，1985年版。

[11]京族简史编写组：《京族简史》，北京：民族出版社，2008年版。

[12]钟文典主编：《广西通史》第一卷，南宁：广西人民出版社，1999年版。

[13]李国祥：《明实录类纂（广西史料卷）》，桂林：广西师大出版社，1989年版。

[14]广西壮族自治区通志馆、图书馆合编：《清实录（广西资料辑录）（一）》（卷150），南宁：广西人民出版社，1988年版。

[15]郑天挺、吴泽、杨志玖：《中国历史大辞典·下卷》，上海辞书出版社，2000年版。

[16]中国社会科学院语言研究所词典编辑室：《现代汉语词典》，北京：商务印书馆，2007年版。

[17]广西大百科全书编纂委员会：《广西大百科全书·地理卷》，北京：中国大百科全书出版社，2008年版。

[18]广西大百科全书编纂委员会：《广西大百科全书·历史卷》，北京：中国大百科全书出版社，2008年版。

[19] 朱名遂主编:《广西通志·宗教志》,南宁:广西人民出版社,1995年版。

[20] 广西统计局编:《广西统计年鉴》,北京:中国统计出版社,2009年版。

[21] 广西壮族自治区地方志编纂委员会:《广西通志·侨务志》,南宁:广西人民出版社,1994年版。

[22] 中国海湾志编纂委员会编:《中国海湾志(第十二分册,广西海湾)》,北京:海洋出版社,1993年版。

[23] 《钦州文史第12辑·钦州民俗文化专辑》,钦州市文史资料委员会,2005年版。

[24] 《钦州文史(第2辑)》,广西钦州市文史委编,1992年版。

[25] 广西壮族自治区地名志办公室编:《广西海城地名志》,南宁:广西民族出版社,1992年版。

三、专著部分

[1] 曾灿、陈琦芳:《防城历史文物与名胜古迹》,载《防城文史资料》第二辑。

[2] 潘文石等:《钦州的白海豚》,北京大学出版社,2013年版。

[3] "防城港之窗"系列丛书编委会:《防城港趣闻》,南宁:广西人民出版社,2010年版。

[4] 吴满玉、冼少华:《当代中国京族》,南宁:广西人民出版社,2005年版。

[5] 中国史学会主编:《中国近代史资料丛刊:中日战争》,北京:商务出版社,1995年版。

[6] 冯艺、张燕玲主编:《风生水起——广西环北部湾作家群作品选》,北京:作家出版社,2006年版。

[7] 范翔宇主编:《海门佛踪》,南宁:广西人民出版社,2008年版。

[8] 王文卿、王瑁:《中国红树林》,北京:科学出版社,2007

年版。

　　［9］牛秉钺：《珍珠史话》，北京紫禁城出版社，1994年版。

　　［10］吴小玲、陆露：《南国珠城》，西安：三秦出版社，2003年版。

　　［11］张壮强：《广西近代援越抗法战争》，厦门大学出版社，2000年版。

　　［12］王锋：《北部湾海洋文化研究》，南宁：广西人民出版社，2010年版。

　　［13］蒋开科：《北部湾海洋文化论坛论文集》，南宁：广西人民出版社，2010年版。

　　［14］黄铮：《广西对外开放的重要港口——历史、现状、前景》，南宁：广西人民出版社，1989年版。

　　［15］潘乐远：《腾飞的合浦》，南宁：广西人民出版社，1994年版。

　　［16］吴定光等：北海风丛书：《北海风光》、《北海风情》、《北海风味》，广州：广东旅游出版社，2000年版。

　　［17］刘明贤、邱灼明：《珍珠传说》，广州：广东旅游出版社，1993年版。

　　［18］蔡怀能、林坚毅：《中国南珠》，南宁：广西科技出版社，1991年版。

　　［19］黄家藩：《南珠春秋》，南宁：广西人民出版社，1991年版。

　　［20］吴彩珍：《中国瑰宝——南珠》，南宁：广西民族出版社，1992年版。

　　［21］邱明灼：《北海游记》，南宁：广西民族出版社，1996年版。

　　［22］王克：《北部湾风情——广西部分》，北京：作家出版社，2000年版。

　　［23］梁锦辉、黄世泽：《钦州市非物质文化遗产选萃》，南宁：广西民族出版社，2011年版。

　　［24］钦州市委宣传部、钦州市文联编：《钦州文化丛书·千年史

话》，南宁：广西人民出版社，2008年版。

　　[25] 符达升、过竹、韦坚平、苏维光等：《京族风俗志》，北京：中央民族学院出版社，1993年版。

　　[26] 卢岩：《防城港文化遗产丛书——非物质文化遗产部分》，南宁：广西人民出版社，2010年版。

　　[27] 朱海燕：《防城港文化遗产丛书——历史文化遗产部分》，南宁：广西人民出版社，2009年版。

　　[28] [美] 穆黛安著、刘平译：《华南海盗》，北京：中国社会科学出版社，1997年版。

四、论文部分

　　[1] 廖国一：《北部湾古代的南珠文化》，选自《北部湾海洋文化研究》，南宁：广西人民出版社，2009年10月版。

　　[2] 钟珂：《民国以来京族海洋渔捞习俗变迁及其文化蕴涵研究——以广西东兴市沥尾村京族为个案》，广西师范大学硕士学位论文，2010年4月。

　　[3] 赖昌方：《北部湾灿烂的传统文化资源》，载《南方国土资源》，2007年第7期。

　　[4] 黄朔等：《广西北部湾海洋文化产业发展探析》，载《产业经济》，2010年11期。

　　[5] 王玉烈：《中华白海豚与儒艮——我国南部海疆中的两种海兽》，载《大自然》，1998年第2期。

　　[6] 刘永泉等：《谈广西钦州茅尾海红树林保护区的湿地生态保护》，载《河北农业科学》，2009年第4期。

　　[7] 刘峰：《万鹤山效应》，载《当代广西》，2007年第24期。

　　[8] 滕兰花：《边疆安全与伏波神崇拜的结盟——以清代广西左江流域伏波庙为视野》，载《广西社会科学》，2009年第12期。

　　[9] 杜树海：《神的结盟——广西漓江上游流域马援崇拜的地方化考察》，载《民俗研究》，2007年第4期。

五、报刊及网络文章

［1］《北海银滩》，360百科，http://baike.so.com/doc/5341346. html。

［2］《钦州：大海豚救助小海豚，不离不弃感人至深》，中华城市吧，http://tieba.baidu.com/p/1733223577。

［3］《三娘湾》，360百科，http://baike.so.com/doc/5860366.html。

［4］《涠洲岛风光》，翻译，http://wenku.baidu.com/。

［5］《冠头岭》，北海百科，http://baike.beihai365.com/index. php?doc−view−85。

［6］《七十二泾》，百度百科，http://baike.baidu.com/view/880572. htm。

［7］《南国滨海畅游记》，钦州港吧，http://tieba.baidu.com/p/1162473627。

［8］《保护湿地你参与了吗——钦州开展湿地保护观察与思考》，钦州市政府网，http://www.gxqzrd.gov.cn/html/gzdt/20120907101616. html。

［9］翁宽：《三娘湾：有一种传说在传诵》，载《钦州日报》，2010−07−29。

［10］《党和国家领导人与钦州港》，钦州港工管委会，http://www. qzgq.gov.cn/news/2011/1018/qinzhougang_lsyg/215408.htm，2011−10−18。

［11］《大平坡》，百度百科，http://baike.baidu.com/。

［12］《北部湾畔的护鸟交响曲》，搜狐，http://it.sohu.com/20090706/n265012868.shtml。

［13］《广西防城港市簕山古渔村观潮节印象》，国家摄影，http://bbs.unpcn.com/showtopic−197065.aspx。

［14］张化声：《多情的京族三岛》，金羊网，http://www.ycwb.

com/gb/content/2004-04/28。

[15]《美丽神奇的京族三岛》，广西导游，http://club.topsage.com/thread-815025-1-1.html。

[16]《大清邮局北海分局》，北海百度，http://baike.beihai365.com。

[17]《北海海底世界》，百度百科，http://baike.baidu.com/。

[18]《北海海洋之窗》，百度百科，http://baike.baidu.com/。

[19]《南珠魂》，百度百科，http://baike.baidu.com/。

[20]《南珠宫》，百度百科，http://baike.baidu.com/。

[21]《合浦珍珠》，360百科，http://baike.so.com/doc/6576654.html。

[22]《北海海滩公园》，北海市政府网站，http://www.beihai.gov.cn。

[23]《海角亭》，百度百科，http://www.baidu.com/。

[24]《"南方之珠"耀珠乡》，今日信息报广西记者站，http://www.qqwwr.com/subject/jrxxb/staticpages/20120612/qqwwr4fd710aa-2001153.shtml。

[25]《天涯亭》，中国旅游网，http://www.51yala.com/html。

[26]孙凌梅、韦瑞华：《钦州大蚝养殖从近岸走向深海》，钦州市水产畜牧兽医局，http://www.gxfa.gov.cn。

[27]邓弦、龙歌：《千古功业集一园——防城港市伏波文化建设发展历程（二）》，载《防城港日报》，2013-12-23。

[28]《明珠广场》，百度百科，http://baike.baidu.com/。

[29]《簕山古渔村》，防城港市人民政府门户网站。

[30]黄鸿燕：《古渔村风起浪涌，新簕山笑迎八方》，载《防城港日报》（http://wxcs.gxnews.com.cn），2013-10-01。

[31]廖国一：《中越边境的伏波庙会与"马留人"》，载《防城港日报》，2011-02-19。

[32]《京族风情及京族生态博物馆》，http://blog.sina.com.cn/s/

blog_5868baa901017q87.html。

[33]《走向世界的京族独弦琴》，中国网，http://www.china.com. cn/culture/aboutch。

[34] 梁毅凌：《记者探访钦州犀牛脚镇古运河遗址湮没荒野间》，载《南宁晚报》，2013—06—04。

[35] 翁宽三娘湾：《有一种传说在传诵》，载《钦州日报》，2010—07—29。

[36] 林坚毅：《齐白石三游钦州》，载《钦州日报》，2006—12—17。

[37] 抗日保台的民族英雄刘永福》，中国网，http://club.china. com/data/thread/5688138/2710/80/19/2_1.html。

[38]《人物写真——刘永福：广西籍的中华民族英雄》，广西新闻网，http://www.gx.xinhuanet.com/newscenter/2006—08/18/content_7815528.htm。

[39]《蛋家文化千秋焕彩》，北海市政府门户网站，2010—04—09。

[40]《2013年1月27日外沙龙母庙还福仪式隆重举行》，北海365网，http://www.beihai365.com/read.php?tid=2636003。

[41] 艺虹：《蛋家祈福的外沙龙母庙会》，北海群艺网，http:// www.bhqyw.com/article/2011—6—14/576—1.html。

[42] 林益琳：《危祐无愧州名》，linyilin818的博客，http:// linyilin818.blog.163.com。

[43]《广西北海市合浦县的历史文化名人简介》，百度文库，http://wenku.baidu.com。

[44] 范翔宇：《盛唐珠光蔚廉州》，北海市政府门户网站，北海日报，2010—04—12。

[45] 林益琳：《颜游泰勤政爱民》，linyilin818的博客，http:// linyilin818.blog.163.com/blog/static/511562112012111013711362/。

[46]《话说南珠故乡——北海市合浦县》，网易论坛，http://bbs. education.163.com/bbs/jiaoyu/207156730.html。

［47］《合浦珍珠》，百度，http://zhidao.baidu.com/link?url=MOiD W645ExWNnk0m4V1N9XrooR57M1Jy。

［48］《合浦珍珠》，360百科，http://baike.so.com/doc/6576654. html。

［49］《北海民间文学汇总》，城市旅游网，http://www.china-citytour.com/city/chengshiyishu/2227.html。

［50］《广西合浦珍珠，美人鱼晶莹的泪滴》，豆丁网，http://www. docin.com/p-2846434.html。

［51］《疍家文化，千秋焕彩》，载《北海日报》(http://www. qqwwr.com)，2010-02-07。

［52］林雪娜：《探秘临海古运河：钦州三娘湾现古运河遗址》，载《广西日报》，2010-06-30。

［53］韦均树：《全国"美丽海岛"网络评选启动 我区9个海岛入选》，广西壮族自治区海洋局，http://www.gxoa.gov.cn/gxhyj_hysygl_hdgl/2015/04/17/。

［54］《探秘钦州三娘湾景区 孤岛上的大庙墩灯塔》，新浪旅游，http://travel.sina.com.cn/china/2013-09-06/1515214941.shtml。

后 记

　　21世纪是海洋世纪，也是人类开发和利用海洋的时代。面对海洋世纪的呼唤，我们每个人都要认识海洋，了解海洋，增强海洋意识，透过对海洋宏观与微观的感知，到海洋宝库中去开发和寻宝。

　　钦州学院是广西沿海地区唯一的一所公立本科高等院校。自2006年升本以来，钦州学院把打造"地方性、海洋性、国际性"作为办学特色，海洋文化研究当之无愧地成为学校的基础性特色科研项目。2011—2013年，我校承担了《中国海洋文化（广西册）》的编写工作，组织10多名专家学者多次深入到广西沿海的北海市、钦州市、防城港市进行调查研究、寻访民风民俗、考察历史文化遗址，完成了文稿的编纂。在此过程中，我们为广西海洋丰富的物质宝藏和深厚的文化资源深深地吸引着，为广西海洋文化中无数的奥秘之处所激动，萌发了要把广西海洋的奇珍异宝向公众介绍、把广西海洋奇观趣闻向公众描述出来的想法。该想法得到了学校的大力支持，学校将《广西海洋文化奇观趣闻》的编撰作为专项项目，委托我们实施。

　　本书编写历时一多年，由黄家庆统筹规划，黄家庆、吴小玲、任才茂共同编写、共同完成书稿及大部分图片资料的拍摄、收集。本书的编写得到了同行、学校领导和科技处的支持；梁云、李红、吴海萍、庞重威、庞卡、张士伦、黎树式、梁铭忠、何良俊、张秋萍、张志强等为我们提供了部分相片；在田野调查采风中，得到了沿海一些中学的帮助；书中还借鉴了不少专家学者的相关研究成果及图片资料；恕不一一

列举。在此谨向所有热心支持和协助本书编写的人们表示衷心的感谢。

由于各方面条件的限制，加上我们的研究水平还很有限，研究编写的视野还不够开阔，本书一定有不少缺漏和不足之处，敬请同行和读者批评指正。

编写组

2015 年 11 月